牛常见病
防治技术图解

雍 康 主编

中国农业出版社

编写人员

主　编：雍　康

副主编：张传师　刘兰泉

参　编：张传师　刘兰泉

　　　　杨庆稳　周乾兰

　　　　吴有华　李思琪

　　　　王　敬　赵婵娟

前　言

为使广大养牛专业户、饲养场的各类专（兼）职畜牧兽医人员和大中专毕业生较容易地掌握牛常见疾病的诊断、治疗、预防等专业知识，以适应养牛业迅猛发展的需要，编者根据亲诊的临床经验和最新的参考文献编写了此书。本书在编写的内容和结构安排上，突出了操作性、实用性、直观性和可读性。编写过程中，运用了大量实践和教学中的实物图片，具有鲜明的指导实践和满足实际培训需要的特色。

本书内容：呼吸系统疾病防治、消化系统疾病防治、常见外科病防治，由雍康编写；其他内科疾病防治，由雍康、杨庆稳编写；常见产科病防治，由雍康、张传师、周乾兰编写；常见疫病防治，由雍康、王敬、吴有华、李思琪、赵婵娟编写；犊牛常见病防治，由雍康、刘兰泉编写。

本书在编写过程中参考了有关文献，在此向相关作者致以崇高的敬意和深深的谢意。同时感谢刘兰泉主任对本书编写提供的无私帮助和支持。

需要说明的是，书中罗列的中、西医治疗方法虽然经过作者亲身实践，但因牛的个体、品种差异及兽药生产厂家的不同，在开处方时，兽药用量应以生产厂家的说明为准，或遵医嘱。书中药物的用量：成年牛以400 kg计算，犊牛以50 kg计算，故在用药时应依牛的体重适当加减。

由于编者水平有限，书中存有疏漏或不足之处，恳切希望同行和广大读者不吝指正。

编　者

2016年2月

目　录

一、呼吸系统疾病防治

（一）感冒

感冒是以上呼吸道黏膜炎症为主症的急性全身性疾病。多发生在早春、晚秋等气候多变的季节。幼弱及老龄牛多发。

1. 病因

①管理不当，突然遭受寒冷刺激（最常见病因）。
②长途运输、过度劳累、营养不良等，使机体抵抗力下降。

2. 诊断要点

（1）**症状诊断**　根据受寒病史，出现皮温不均、流鼻液、羞明流泪、咳嗽、前胃弛缓等主要症状，可以诊断。必要时进行治疗性诊断，应用解热剂迅速治愈，即可诊断为感冒。

（2）**鉴别诊断**

①流行性感冒：体温突然升高达 $40 \sim 41℃$，全身症状较重，传播迅速，四肢和关节发生障碍。

②牛流行热：热型为稽留热，有时出现运动障碍。

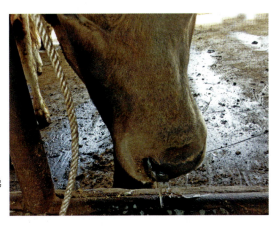

鼻流清涕

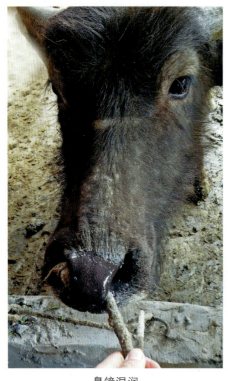

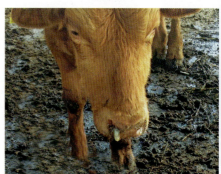

结膜潮红

鼻镜湿润

鼻流脓涕

3. 治疗

(1) 西医治疗

①治疗原则：解热镇痛，抗菌消炎，调整胃肠机能。

②常用处方：

A. 细菌性感冒：

a. 30% 安乃近或复方氨基比林或柴胡注射液 20 ～ 40 mL。

b. 青霉素 400 万 ～ 600 万 IU。

c. 地塞米松磷酸钠注射液 25 ～ 50 mg（孕畜禁用）。

用法：abc 混合后一次肌内注射，每日 1 次，连用 2 ～ 3 d。

B. 病毒性感冒：利巴韦林或板蓝根或清开灵 20 ～ 30 mL，肌内注射。

(2) 中兽医治疗

①风热感冒（表热型）：体表灼热、鼻液黏稠、咽喉肿痛、咳嗽、黏膜潮红、尿短赤时，用银翘散加减。

银翘散处方

金银花45 g　连　翘45 g　桔　梗24 g　薄　荷24 g　牛蒡子30 g
淡豆豉30 g　淡竹叶30 g　芦　根45 g　荆　芥30 g　甘　草18 g
水煎，一次灌服，每日1剂，连服2～3剂

②风寒感冒(表寒型)：被毛逆立，拱腰怕冷，皮温不均，鼻寒耳凉，鼻流清涕，尿清长，用荆防败毒散加减。

荆防败毒散处方

荆　芥60 g　防　风60 g　桂　枝50 g　柴　胡50 g　生　姜50 g
甘　草50 g　茯　苓50 g　川　芎40 g　羌　活40 g　独　活50 g
前　胡50 g　枳　壳50 g　桔　梗30 g
水煎，一次灌服，每日1剂，连服2～3剂

(二) 支气管炎

支气管炎是各种原因引起动物支气管黏膜表层或深层的炎症，临床上以咳嗽、流鼻液和不定热型为特征。本病多发于幼龄牛或老龄牛，气候突变的秋冬和早春多发。

1. 分类

(1) **根据炎症部位分**　弥漫性支气管炎、大支气管炎、细支气管炎。
(2) **根据病程分**　急性支气管炎、慢性支气管炎。

2. 诊断要点

(1) **临床特征**　咳嗽、流鼻液、低热，不定型，体温升高约0.5℃。
(2) **叩诊**　无变化。
(3) **听诊**　肺泡呼吸音增强，出现捻发性啰音。
(4) **触诊**　触诊喉头或气管，敏感性增高，常诱发持续性咳嗽。
(5) **X线检查**　支气管纹理增厚。

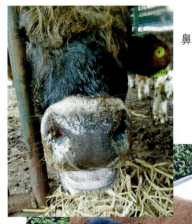

鼻镜湿润，流浆液性鼻液

听诊肺泡呼吸音增强，出现捻发性啰音

3.防治

(1) 西医治疗　治疗原则：加强护理，消除炎症，祛痰止咳。

①加强护理：牛舍内通风良好且温暖，供给充足的清洁饮水和优质的饲料。

②祛痰镇咳：氯化铵10～20 g或复方樟脑酊30～50 mL，口服，每日1～2次。

③抑菌消炎：

A.青霉素400万IU、链霉素400万IU、1%普鲁卡因溶液20 mL、地塞米松25 mg，混合后气管内注射，每日1次。

B.10%磺胺嘧啶钠注射液200～300 mL，用生理盐水1 000 mL稀释后，静脉注射，每日1～2次。

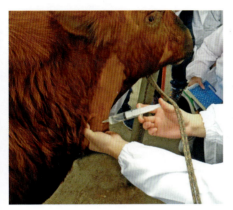

气管注射

静脉输液

（2）中兽医治疗

①外感风寒引起者，宜疏风散寒，宣肺止咳。方选紫苏散加减：紫苏、荆芥、防风、陈皮、茯苓、桔梗各25 g，姜半夏20 g，麻黄、甘草各15 g，共研末，生姜30 g，大枣10枚为引，一次开水冲服。

②外感风热引起者，宜疏风清热，宣肺止咳。方选款冬花散加减：款冬花、知母、浙贝母、桔梗、桑白皮、地骨皮、黄芩、金银花各30 g，杏仁20 g，马兜铃、枇杷叶、陈皮各24 g，甘草12 g。共研末，一次开水冲服。

③慢性支气管炎，宜益气敛肺、化痰止咳。方用参胶益肺散加减：党参、阿胶各60 g，黄芪70 g，五味子50 g，乌梅30 g，桑白皮、款冬花、桔梗、炙甘草各40 g，共为末，开水冲服。

（3）预防措施

①牛发生咳嗽后应及时治疗，加强护理，以防急性支气管炎转为慢性。
②寒冷天气应保暖，防止感冒，供给营养丰富、容易消化的饲草料。
③改善环境卫生，避免粉尘和刺激性气体对呼吸道的影响。

（三）小叶性肺炎

小叶性肺炎是指肺小叶的炎症。通常于肺泡内充满由上皮组织、血浆与白细胞组成的卡他性炎症渗出物，故又称为卡他性肺炎。

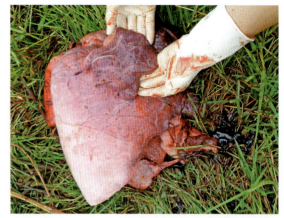

发生在尖叶、心叶和膈叶上的炎症，直径在 1 cm 左右（小叶性肺炎）

1. 病因

（1）**原发性病因** 受寒感冒、饲养管理不当、某些营养物质缺乏、长途运输等，使呼吸道的防御机能降低，导致呼吸道黏膜上的寄生菌或外源侵入病原微生物的大量繁殖，引起炎症过程。

（2）**继发性病因** 支气管炎症蔓延和继发于一些化脓性疾病（子宫炎、乳房炎、阴囊化脓等）、某些传染病（结核病、牛恶性卡他热等）和寄生虫病。

2. 诊断要点

①咳嗽，流鼻液，体温升高，呈弛张热型。

②叩诊：病灶区呈浊音，周围过清音。

③听诊：捻发音，肺泡呼吸音减弱或消失。

④X 线检查：肺纹理增厚，散在局灶性阴影。

⑤血液学检查：白细胞和嗜中性粒细胞增多，核左移。

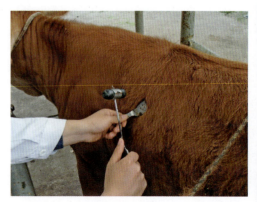

叩诊呈浊音

鼻流黄涕

鼻流白涕

听诊肺部有湿啰音

3.治疗

（1）**西医治疗**　治疗原则：抗菌消炎，祛痰止咳，抑制渗出和对症治疗。

①抗菌消炎：常选用抗生素和磺胺类药物。

A.30%替米考星注射液0.033 mL/kg，皮下注射，每日1次。2.5%硫酸头孢喹肟3 mg/kg，肌内注射，每日1次。连用5～7 d。

B.青霉素400万IU、链霉素200万IU、1%普鲁卡因溶液15～20 mL、地塞米松25 mg，混合后气管或胸腔内注射，每日1次，连用2～3 d。

C.10%磺胺嘧啶钠注射液200～300 mL，加入生理盐水1 000 mL内静脉注射，每日2次，连用5～7 d。

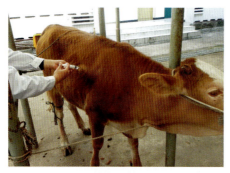

胸腔注射

静脉输液

②止咳祛痰：咳嗽频繁，分泌物黏稠时，选用溶解性祛痰剂（氯化铵30 g，内服），剧烈频繁地咳嗽、无痰干咳时用镇痛止咳药（复方甘草合剂100～150 mL，口服）。

③抑制渗出：10%氯化钙注射液或10%葡萄糖酸钙注射液200 mL，静脉注射。

④对症治疗：酸中毒（结膜发绀，静脉血呈酱油色）时，静脉注射5%碳酸氢钠500～1 000 mL；体质虚弱时，静脉注射25%葡萄糖液500～1 000 mL；心脏衰弱时，肌内注射10%樟脑磺酸钠10～20 mL。

治疗前最好采取鼻液做细菌药敏实验

细菌种类	选用药物
肺炎链球菌	青霉素联合链霉素
肺炎球菌	链霉素、卡那霉素、土霉素
绿脓杆菌	庆大霉素、多黏菌素
巴氏杆菌	头孢噻呋、头孢喹肟、环丙沙星
支原体	氟苯尼考、替米考星、泰拉霉素
厌氧菌	甲硝唑

(2) **中兽医治疗** 临床上可分为邪犯营卫、肺热咳喘两种症型。

①邪犯营卫：症见发病急骤，恶寒或寒战，发热，咳嗽，口干渴，舌稍红，苔薄黄，脉浮数。治疗以辛凉解表、宣肺止咳为主，方用银翘散加减。

银翘散处方

金银花120 g	连 翘100 g	桔 梗60 g	薄 荷60 g
牛蒡子60 g	淡豆豉60 g	淡竹叶60 g	芦 根90 g
荆 芥60 g	甘 草60 g	杏 仁60 g	麻 黄80 g

共为末，开水冲调，一剂分两次服用，每日1剂，连服2～3剂

②肺热咳喘：症见发热，咳声洪亮，呼吸急促，气喘，流白色或黄色鼻液，口干贪饮，舌红，苔黄，脉滑数。治疗以清肺平喘、止咳化痰为主，方用清肺散合麻杏石甘汤加减。

清肺散合麻杏石甘汤处方

板蓝根120 g	桔 梗60 g	浙贝母100 g	葶苈子100 g
石 膏100 g	炙甘草60 g	杏 仁60 g	麻 黄80 g
苦 参60 g	黄 芩60 g	桑白皮100 g	

共为末，开水冲调，一剂分两次服用，每日1剂，连服4～5剂

（四）大叶性肺炎

大叶性肺炎是一种呈定型经过的肺部急性炎症，病变始于局部肺泡，并迅速波及整个或多个大叶。又因细支气管和肺泡内充满大量纤维蛋白性渗出物，故又称为纤维素性肺炎或格鲁布性肺炎。

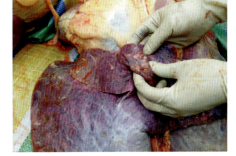

大叶性肺炎

1.病因

（1）**传染性因素** 某些局限于肺脏的特殊传染病，如牛巴氏杆菌病以及由肺炎双球菌引起的大叶性肺炎。

（2）**非传染性因素** 由变态反应所致，可因中毒、自体感染或由于受寒感冒、过度疲劳、胸部创伤、有害气体的强烈刺激等因素引起。

2.诊断要点

①咳嗽，流铁锈色鼻液，呈稽留热型，呼吸急促、困难，脉搏加快。

②叩诊：充血水肿期——过清音；肝变期——半浊音或浊音；溶解期——正常过清音。

③听诊：充血水肿期——初肺泡呼吸音增强，呈干啰音，后减弱或消失，出现湿啰音；肝变期——病理性支气管呼吸音；溶解期——湿啰音和捻发音乃至正常音。

④血液检查：白细胞增多，红细胞减少。

⑤X线检查：广泛阴影。

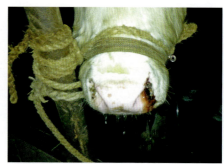

流铁锈色鼻液

3.病理变化

病变典型，分4个时期：充血水肿期、红色肝变期、灰色肝变期、消散期（溶解期）。

红色肝变期   部分肺叶发生肉变

大叶性肺炎引发的门静脉性肝炎，肝脏肿大，黄染，胆囊淤积胆汁

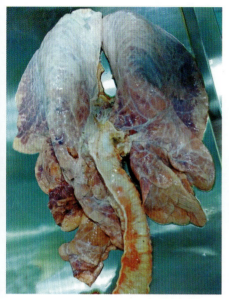

慢性肺炎：大部分肺叶均发生肉变

切开肝脏，切面呈土黄色，肝脏质地变硬

4. 治疗

（1）西医治疗

①急性型：与小叶性肺炎治疗相同。

②慢性型：泰拉霉素2.5 mg/kg，一次皮下注射，未康复者隔5 d重复注射一次。

（2）中兽医治疗

临床上分为痰热壅肺、温邪伤阴两种症型。

①痰热壅肺：症见高热不退，气促喘粗，鼻翼扇动，鼻液黄而黏稠或呈铁锈色，粪便干燥，尿短赤，口渴饮，口色红，苔黄燥，脉洪数。治疗以清热解毒、宣肺化痰为主，方用清瘟败毒散加减。

清瘟败毒散处方

石　膏400 g	桔　梗80 g	牡丹皮100 g	水牛角120 g
生　地90 g	炙甘草60 g	杏　仁60 g	玄　参80 g
苦　参60 g	黄　芩60 g	桑白皮100 g	知　母60 g
连　翘90 g	淡竹叶120 g	栀　子60 g	

共为末，开水冲调，一剂分两次服用，每日1剂，连服4～5剂

②温邪伤阴：症见日久不愈，干咳连声，昼轻夜重，低热不退，粪球干小，尿少色浓，口色红，无舌苔，脉细数。治疗以养阴清热、润肺化痰为主，方用百合固金汤加减。

百合固金汤处方

百　合120 g	桔　梗80 g	麦　冬100 g	白　芍80 g
生　地90 g	炙甘草60 g	熟　地90 g	玄　参80 g
当　归60 g	黄　芩60 g	川贝母60 g	知　母60 g

共为末，开水冲调，一剂分两次服用，每日1剂，连服5～7剂

熬制中药

二、消化系统疾病防治

（一）前胃弛缓

前胃弛缓指前胃神经兴奋性降低，胃壁收缩力减弱，瘤胃内容物运转缓慢，菌群失调，产生大量发酵和腐败的物质，引起消化障碍，食欲、反刍减退乃至全身机能紊乱的一种疾病。

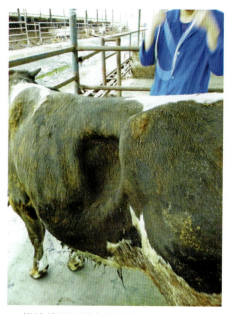

慢性前胃迟缓病牛消瘦、左胞窝凹陷

1. 病因

（1）原发性病因

①长期饲喂单一或不易消化的粗饲料，如麦糠、酒糟等。

②饲喂霉败变质或冰冻的饲料。

③长期喂细的粉状精料，难引起前胃兴奋性。

④饲料突变。

⑤各种应激因素：酷暑、饥饿、长途运输、分娩等。

（2）继发性病因

①继发于热性病：肺炎、感冒等。

②痛疼性疾病：难产、手术等。

③用药不当：大量使用抗生素，造成菌群失调；注射阿托品，使前胃蠕动受到抑制。

④多种传染病：牛肺疫、牛出血性败血症、口蹄疫等。

⑤消化系统疾病：瓣胃与真胃阻塞、真胃炎等。

2.诊断要点

（1）症状诊断

①三少：食欲减少，反刍减少，听诊前胃蠕动次数减少。

②一弱：胃壁收缩力减弱。

③一低：触诊瘤胃壁紧张性降低。

听　诊　　　　　　　　　　　　触　诊

（2）实验室诊断

①瘤胃液pH下降至5.5以下。

②纤毛虫活力降低，数量减少至7.0万个/mL左右。

③糖发酵能力降低。

3.防治

（1）西医治疗

①除去病因，加强护理。病初绝食1～2 d，给予充足的清洁饮水、适量的易消化的青草或优质干草。

②兴奋瘤胃。

A.钙制剂：葡萄糖酸钙或氯化钙。

B.拟胆碱药物：新斯的明或氨甲酰胆碱。

C.B族维生素。

D.高渗液：10%浓氯化钠溶液。

③缓泻、止酵。

A.缓泻：硫酸钠（或硫酸镁）、植物油。

B.止酵：大蒜酊、95%酒精、松节油、鱼石脂。

④防止脱水和自体中毒。葡萄糖、生理盐水、维生素C。

⑤恢复瘤胃微生物的活性。调节瘤胃内环境的pH。若pH>7，食用醋洗胃；若pH<7，碳酸氢钠洗胃。

处方1

①新斯的明20 mL（孕牛禁用）。

②复合维生素B 20 mL。

用法：①②分别一次肌内注射。

处方2

①25%葡萄糖注射液1 000 mL，10%葡萄糖酸钙注射液200 mL，25%维生素C 注射液30 mL。

②10%浓氯化钠400 mL。

用法：①②分别一次静脉注射。

注：病情轻者使用处方1；病情重者处方1配合处方2使用。

静脉输液

（2）中兽医治疗

①体质虚弱、口色淡白、耳鼻俱凉、水草迟细、消化不良、粪便溏稀者，应健脾燥湿、补中益气，方用四君子汤合平胃散加减。

体质虚弱牛前胃弛缓

四君子汤合平胃散处方

党　参100 g　　白　术80 g
茯　苓80 g　　炙甘草40 g
苍　术60 g　　陈　皮70 g
厚　朴60 g　　莱菔子100 g
木　香60 g　　焦三仙各100 g
共为末，开水冲调，一剂分两次
服用，每日1剂，连服2～3剂

②体格强壮、口温偏高、口津黏滑、粪干、尿短者，应清泻胃火，方用椿皮散合大承气汤加减。

椿皮散合大承气汤处方

椿　皮120 g　　常　山40 g　　柴　胡60 g　　甘　草40 g
莱菔子100 g　　木　香60 g　　大　黄150 g　　芒　硝300 g
枳　实60 g　　厚　朴60 g　　陈　皮70 g　　青　皮80 g
槟　榔80 g　　牵牛子40 g　　焦三仙各100 g
共为末，开水冲调，一剂分两次服用，每日1剂，连服2～3剂

体质强壮牛前胃弛缓

（3）预防措施
①改善饲养管理，防止饲料霉败变质。
②不可任意增加饲料用量或突然变更饲料种类。
③避免不利因素刺激和干扰。
④尽量减少各种应激因素的影响。

（二）瘤胃积食

瘤胃积食又称为急性瘤胃扩张，是牛贪食大量粗纤维饲料或容易臌胀的饲料引起瘤胃扩张、瘤胃容积增大、内容物停滞和阻塞以及整个前胃机能障碍，形成脱水和毒血症的一种严重疾病。

1.病因

①贪食大量难消化、富含粗纤维的饲料（如甘薯蔓、花生蔓等）。
②突然更换可口饲料。
③偷吃易膨胀饲料（如成熟前的大豆、玉米棒）。
④不按时饲喂，过度饥饿后一顿饱食。
⑤继发于前胃弛缓、瓣胃阻塞、创伤性网胃炎及皱胃积食等疾病。

2.诊断要点

①有过食饲料特别是易膨胀的食物或精料的病史。
②食欲废绝，反刍停止：视诊，腹围增大，特别是左侧后腹中下部膨大明显，有下坠感。听诊，瘤胃蠕动音减弱或消失，持续时间短。触诊，瘤胃内容物坚实或有波动感，拳压留痕。叩诊，瘤胃中上部呈半浊音甚至浊音。
③排粪及粪便：排粪迟滞，粪便干、少、色暗，呈叠饼状乃至球形；部分牛排恶臭带黏液的粪便，可见未消化的饲料颗粒。
④全身症状明显：皮温不整，鼻镜干燥，口腔有酸臭味或腐败味，舌苔黏滑，心跳、呼吸加快，甚至呼吸困难。

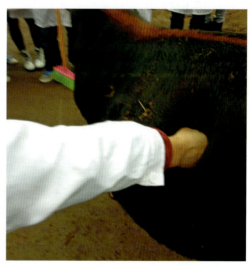

拳压留痕

粪便干、少、色暗 | 左侧后腹中下部膨大明显，有下坠感

3. 治疗

（1）**西医治疗** 过食精料5 kg左右者必须在1 ～ 2 d实施瘤胃切开术或反复洗胃除去大量的精料之后才能与其他病例采用相同的治疗措施。

①加强护理。绝食1 ～ 2 d，给予充足的清洁饮水（采食大量容易膨胀饲料者适量限制饮水）。

②增强瘤胃蠕动机能，排出瘤胃内容物。

A.洗胃疗法：用清水反复洗胃。

B.按摩瘤胃：按摩瘤胃，每次20 ～ 30 min，每日3 ～ 4次。

C.泻下法：尽量用油类泻剂。

D.兴奋瘤胃：与前胃弛缓相同。

E.手术治疗：瘤胃切开术。

③止酵。可选用大蒜酊、95%酒精、松节油止酵。

④防止脱水和酸中毒。可选用葡萄糖、生理盐水、维生素C、5%碳酸氢钠注射。

静脉输液

常用处方

①10%葡萄糖注射液1000 mL，10%葡萄糖酸钙注射液200 mL，25%维生素C注射液50 mL。

②10%复方浓氯化钠注射液400mL。

③5%碳酸氢钠注射液500 mL。

④甲硫酸新斯的明注射液20 mL（孕畜禁用）。

⑤复合维生素B 20 mL。

用法：①②③分别一次静脉注射；④⑤一次肌内注射。

（2）**中兽医治疗**　中兽医称瘤胃积食为宿草不转，治疗以健脾开胃、消食行气、泻下为主。方用大承气汤加减。

大承气汤处方

| 大 黄200 g | 枳 实100 g | 厚 朴80 g | 槟 榔80 g |
| 莱菔子120 g | 青 皮80 g | 芒 硝600 g | 番泻叶150 g |

焦三仙各150 g

共为末，开水冲调，一剂分两次服用，每次服用时加猪油500 g，每日1剂，连服2～3剂

（三）瘤胃臌气

　　瘤胃臌气又称为瘤胃臌胀，主要是因采食了大量容易发酵的饲料，在瘤胃内微生物的作用下异常发酵，迅速产生大量气体，致使瘤胃急剧膨胀、膈与胸腔脏器受到压迫、呼吸与血液循环障碍、发生窒息现象的一种疾病。按病因分为原发性臌胀和继发性臌胀；按病的性质分为泡沫性臌胀和非泡沫性臌胀。

1. 病因

　　（1）**原发性病因**　采食了大量容易发酵的饲料，引起非泡沫性臌气。采食开花前的豆科牧草，引起的是泡沫性臌气。

　　（2）**继发性病因**　急性主要见于食管阻塞。慢性见于前胃弛缓、创伤性网胃腹膜炎、瘤胃积食、迷走神经性消化不良、瘤胃与腹壁粘连等疾病。

腹部膨大

2.诊断要点

①采食大量易发酵产气的饲料。

②腹部迅速膨大，左肷窝明显突起；腹壁紧张而有弹性，叩诊呈鼓音；病畜呼吸困难，严重时伸颈张口呼吸。

③瘤胃穿刺及胃管检查：泡沫性臌胀，只能排出少量气体；非泡沫性臌胀，则排气顺畅，臌胀明显减轻。

穿刺部位

瘤胃穿刺针

3.防治

(1) 西医治疗

①去除病因，加强护理。绝食1～2 d，给予充足的清洁饮水。

②增强瘤胃蠕动机能。

A.按摩瘤胃：每次20～30 min，每日3～4次。

B.泻下法：用油类或盐类泻剂。

C.兴奋瘤胃：与前胃弛缓相同。

③减压排气。口衔木棒法、胃管排气法、瘤胃穿刺排气法、直肠排气法、手术疗法。

A.口衔木棒法：将涂抹好刺激性物质（如辣椒、花椒等）的木棒衔于牛口中，让牛通过不停嗳气，排出瘤胃内气体。

B.直肠排气法：用温热肥皂水灌肠，让气体通过直肠排出。

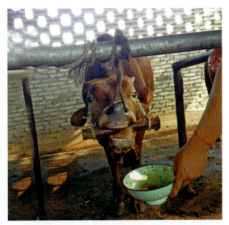

口衔木棒法

直肠排气法

④止酵消沫。大蒜酊、95%酒精、二甲基硅油。

⑤对症治疗。

A.脱水：葡萄糖、生理盐水。

B.中毒：维生素C。

C.酸中毒：碳酸氢钠。

常用处方

① 促反刍注射液（500 mL主要成分：葡萄糖50 g+氯化钠25 g+安钠咖1 g）500 ～ 1 000 mL。

② 5%碳酸氢钠注射液250 ～ 500 mL。

③ 甲硫酸新斯的明注射液20 mL。

用法：①②分别一次静脉注射；③一次皮下注射。

(2) 中兽医治疗 中兽医称瘤胃臌胀为气胀病或肚胀。临床上可分为气滞郁结、脾胃虚弱、水湿困脾3种症型。

① 气滞郁结：症见采食中或采食后突然发病，反刍嗳气停止，瘤胃膨大、左肷凸出，不时起卧，后肢踢腹或回头顾腹，呼吸急促，结膜口色紫绀。治疗以行气消胀、通便止痛为主，方用木香顺气散加减。

木香顺气散处方

木　香60 g	厚　朴60 g	枳　壳60 g
陈　皮80 g	青　皮80 g	莱菔子100 g
醋香附70 g	川楝子40 g	牵牛子40 g

共为末，开水冲调，一剂分两次服用，首次服用时加猪油500g，每日1剂，连服2～3剂

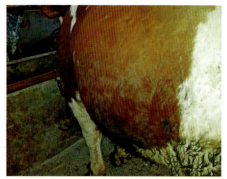

左肷部凸出

回头顾腹

②脾胃虚弱：多见于继发性或慢性瘤胃臌气，症见发病缓慢，反刍缓慢、次数减少，腹胀较轻，反复发作，病程较长，食欲时好、时坏，口色淡白。治疗以健脾理气、消积除胀为主，方用香砂六君子汤加减。

香砂六君子汤处方

党　参60 g	茯　苓60 g	白　术60 g	炙甘草80 g
木　香80 g	砂　仁100 g	莱菔子70 g	陈　皮80 g
青　皮80 g	焦三仙各40 g		

共为末，开水冲调，一剂分两次服用，每日1剂，连服2～3剂

③水湿困脾：症见食欲、反刍大减或废绝，鼻镜水珠成片，肷部胀满，按压稍软，内容物呈粥状，口色淡红湿润。病情较重时，呼吸促迫，站立不稳，口色青紫。治疗以逐水通便兼消积导滞为主，方用健胃散加减。

健胃散处方

大　黄240 g	芒　硝500 g	槟　榔120 g	枳　壳90 g
莱菔子80 g	陈　皮80 g	青　皮80 g	牵牛子60 g
大　戟40 g	甘　遂40 g	芫　花40 g	焦三仙各100 g

共为末，开水冲调，一剂分两次服用，每日1剂，连服2～3剂

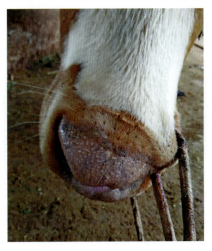

鼻镜水珠成片

（3）预防措施

①禁止饲喂霉败饲料，尽量少喂堆积发酵或被雨露浸湿的青草。

②在饲喂易发酵的青绿饲料时，应先饲喂干草，然后再饲喂青绿饲料。

③由舍饲转为放牧时，要先喂一些干草，几天后再出牧，并且还应限制放牧时间及采食量。

④舍饲育肥牛时，应该在全价日粮中至少含有10%的粗料。

（四）瘤胃酸中毒

瘤胃酸中毒又称为急性糖类过食，是因采食大量的谷类或其他富含糖类的饲料后，瘤胃内产生大量乳酸而引起的一种急性代谢性酸中毒。

1. 病因

主要病因是突然超量采食富含糖分的饲料。

①给牛饲喂大量谷物，如小麦、玉米、稻谷、高粱等，特别是粉碎后的谷物。

②饲养管理不当，牛偷食大量谷物饲料。

③舍饲牛没有按照由高粗饲料向高精饲料逐渐变换的方式饲喂，而是突然饲喂高精饲料时，易发生酸中毒。

2. 诊断要点

(1) 症状诊断 脱水，瘤胃胀满，大量出汗，卧地不起，四肢伸直，口流涎沫，呕吐，呼吸加快，心跳多在100次以上；具有蹄叶炎和神经症状。

呕 吐

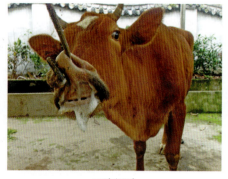

口流涎沫

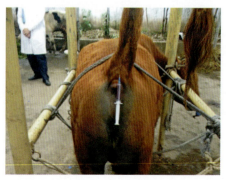

尾中静脉采血，血液pH降至6.9以下，血液乳酸浓度升高

(2) 病史调查 有过食豆类、谷类或含丰富糖类饲料的病史。

(3) 实验室诊断 瘤胃液pH下降至4.5～5.0，血液pH降至6.9以下，血液乳酸浓度升高等。

3. 防治

(1) 西医治疗 按以下原则治疗：

①加强护理：在最初18～24 h要限制饮水量。在恢复阶段，饲喂品质良好的干草而不应投食谷物和配合精饲料，以后再逐渐加入谷物和配合精饲料。

②排除瘤胃内容物：

A. 瘤胃冲洗（一般病例）。

B.调节瘤胃液pH，投服碱性药物：滑石粉500～800 g、碳酸氢钠300～500 g，每日1次。

C.使用缓泻剂：石蜡油1 000～1 500 mL、大黄苏打片300～500 g。

D.提高瘤胃兴奋性：10%氯化钠、拟胆碱药、B族维生素。

E.手术疗法：适用于急性病例和导胃无效病例。

③缓解酸中毒：

A.中和瘤胃酸度：用碳酸盐缓冲合剂（碳酸钠150 g、碳酸氢钠250 g、氯化钠100 g、氯化钾40 g），加水5～8 L，一次罐服。

B.中和血液酸度：静脉注射5%碳酸氢钠500～1 000 mL。

④补充体液：生理盐水或葡萄糖生理盐水2 000～4 000 mL，输液时可加入10%樟脑磺酸钠。心跳在100次以上者可加10%氯化钾20～50 mL。

⑤恢复瘤胃内微生物群活性：饲喂品质良好的干草，投服健康牛瘤胃液5～8 L。

(2) 中兽医治疗 中兽医认为瘤胃酸中毒多因料伤所致，治疗应以消食导滞、泻下除满为主。方宜用曲蘗散合大承气汤加减。

曲蘗散合大承气汤处方

焦三仙各400 g	莱菔子100 g	鸡内金60 g	苍 术60 g
川楝子80 g	焦槟榔60 g	大 黄200 g	芒 硝400 g
青 皮120 g	陈 皮120 g	厚 朴60 g	枳 壳60 g
连 翘60 g	醋香附60 g	甘 草40 g	

共为末，开水冲调，一剂分两次服用，每日1剂，连服2～3剂

插入胃管灌服中药

（3）预防措施

①肉牛应以正常的日粮水平饲喂，不可随意加料或补料。

②肉牛由高粗饲料向高精饲料的变换要逐步进行，应有一个适应期。

③防止牛闯入饲料房，暴食谷物、豆类及配合饲料。

（五）瓣胃阻塞

瓣胃阻塞又称为瓣胃秘结，主要是因前胃弛缓，瓣胃收缩力减弱，瓣胃内容物滞留，水分被吸收而干涸，致使瓣胃秘结、扩张的一种疾病。

1. 病因

①长期饲喂粉渣类饲料（米糠、麸皮、粉渣、酒糟等）或含泥沙食物（花生蔓、甘薯蔓等）。

②长期采食粗硬、不易消化的饲料，缺乏青绿饲料、饮水。

③长途运输、饲养管理不当。

④继发于前胃弛缓、皱胃阻塞、网胃炎、皱胃溃疡等。

2. 诊断要点

（1）症状诊断 鼻镜干燥、龟裂；瓣胃蠕动音微弱或消失；粪便干、小、硬、少，算盘珠样，表面覆黏液，落地有弹性，色暗；后期不排粪，用大剂量泻药无效，有时仅排出少量夹杂干层状粪的粪水。直肠检查，肠管空虚、肠壁干燥或附有干涸的粪便。触诊，瓣胃敏感、增大、坚实、向后移位。

鼻镜干燥、龟裂

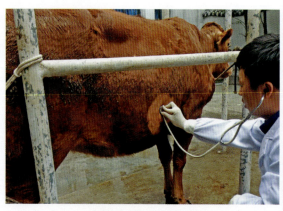

瓣胃蠕动音微弱或消失

（2）**瓣胃穿刺诊断** 用长 15 ～ 18 cm 的穿刺针头，于右侧第九肋间与肩关节水平线相交点进行穿刺，如为本病，进针时可感到阻力较大，内容物坚硬，并伴有"沙沙"音。

瓣胃内充满干涸草料

3. 防治

本病的治疗非常困难，重在预防。

（1）**早期一般按前胃迟缓治疗**

（2）**泻下** 必须配合补液。

①西药泻下：

A. 口服泻药：疾病初期，硫酸钠 400 ～ 600 g、常水 5 L，一次内服。但可能引发瘤胃积液。

B. 瓣胃注射。

C. 手术疗法：切开瘤胃，冲洗瓣胃，治愈率较高。

②中兽药泻下：中兽医称瓣胃阻塞为百叶干。治疗以润燥滑肠、消积导滞、滋阴养胃为主，方用猪膏散合增液承气汤加减。

猪膏散合增液承气汤处方

滑　石 60 g	牵牛子 30 g	大　黄 100 g	官　桂 15 g
甘　遂 25 g	大　戟 25 g	续随子 30 g	白　芷 10 g
地榆皮 60 g	甘　草 25 g	芒　硝 200 g	玄　参 40 g

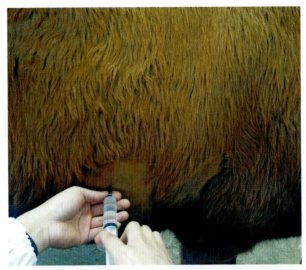

10%硫酸钠2 000～3 000 mL，液体石蜡（或甘油）300～500 mL，普鲁卡因2 g，土霉素3～5 g，一次瓣胃注入

麦　冬40 g　生　地40 g

共为末，热调猪油500 g，一次灌服，连服2～3剂

泻下时配合使用的补液处方

A.10%葡萄糖注射液1 000 mL，10%葡萄糖酸钙注射液200 mL，25%维生素C注射液50 mL。

B.0.9%氯化钠1 000～2 000 mL，10%樟脑磺酸钠20 mL。

用法：AB分别一次静脉注射。

（3）预防措施

①避免长期饲喂混有泥沙的糠麸、糟粕饲料。

②适当减少坚硬的粗纤维饲料。

③铡草喂牛，但不宜铡得过短。

④注意补充蛋白质与矿质饲料。

⑤发生前胃弛缓时，应及早治疗，以防止发生本病。

（六）皱胃阻塞

皱胃阻塞又称为皱胃积食，是由于迷走神经调节机能紊乱或受损，导致皱胃弛缓、内容物滞留、胃壁扩张而形成阻塞的一种疾病。

1.病因

（1）原发性皱胃阻塞 由于饲养管理不当而引起。

①冬、春季长期用稻草、麦秸、玉米或高粱秸秆喂牛。

②饲喂麦糠、豆秸、甘薯蔓、花生蔓等不易消化的饲料或草粉得太细，同时饮水不足。

③犊牛因大量乳凝块滞留而发生皱胃阻塞。此种阻塞，皱胃内积滞的多为黏硬的食物或异物，常伴发瓣胃阻塞和瘤胃积液。

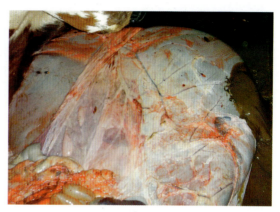

瘤胃积液

（2）继发性皱胃阻塞 常见于腹内粘连、幽门肿块和淋巴肉瘤等，导致血管和神经损伤，这些损伤可引起皱胃神经性或机械性排空障碍。此种阻塞，皱胃内积滞的多为稀软的食糜，多数不伴有瓣胃阻塞。

2.诊断要点

①右腹部皱胃区局限性膨胀隆起。

②触诊，皱胃区敏感、坚硬，瘤胃内容物充满或积有大量液体；冲击式触诊，有荡水音。

③听诊，瘤胃和瓣胃蠕动音消失。左肷部听诊，同时叩诊左侧倒数第一至第五肋骨，可听到钢管音。

④排粪、排尿停止，用大剂量泻药无效。

⑤病的末期，病牛严重脱水，鼻镜干燥，但腹围依然膨大。

眼球下陷

右腹侧膨大

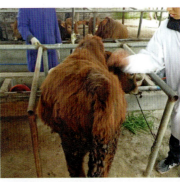

瘤胃膨大，冲击式触诊，有荡水音

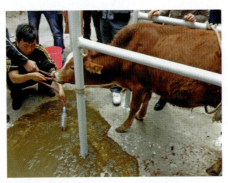

插入胃管，导出大量混有粉末
状草料的液体

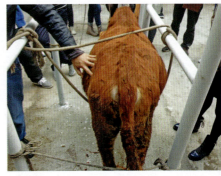

导胃后，腹围变小，但饮水后，
腹围又变大

剖解后发现，真胃比正常大5～7倍

3. 防治

治疗原则：加强护理，消积化滞，缓解幽门痉挛，促进皱胃内容物排除，增强全身抵抗力，对症治疗。

（1）保守治疗

①按摩：用木棒抬压按摩有一定疗效。

②消积化滞，排除皱胃内容物：早期可用硫酸钠300～400 g，植物油500～1 000 mL，滑石粉、酵母粉各500 g，常水6～10 L，一次内服，如果再配合按摩其疗效更佳；以后每天灌油类泻剂，连用5～7 d，并结合中药（同瓣胃阻塞）。

③强心补液，纠正自体中毒。

常用处方

①10%葡萄糖注射液 1 000 mL，10%葡萄糖酸钙注射液200 mL，25%维生素C注射液50 mL。

②0.9%氯化钠500 mL，10%樟脑磺酸钠 20 mL。

③甲硝唑注射液1 000 mL。

用法：①②③分别一次静脉注射

（2）手术疗法 于右腹壁直接施行皱胃切开术，取出阻塞物，同时经瓣胃至皱胃取出瓣胃中的阻塞物（体格较小者可通过瘤胃切开术疏通瓣胃），疏通瓣胃秘结，才能达到治愈的目的。

切口定位

手术切开

冲洗皱胃

（3）**中兽医治疗**　中兽医治疗以健脾利湿、活血化瘀、消积导滞、润燥滑肠为原则，方选当归导滞汤加减。

当归导滞汤处方

油当归120 g	赤　芍90 g
炒白术45 g	茯　苓30 g
焦三仙各30 g	厚　朴30 g
枳　实30 g	木　香30 g
二　丑30 g	大　黄30 g
千金子30 g	番泻叶30 g
郁李仁45 g	杏　仁30 g
桔　梗30 g	

共为末，一次灌服，连服2～3剂

灌服中药后排出的焦黑粪便

（4）预防措施

①加强饲养管理，保证饮水充足（特别是天气炎热时），合理配合日粮，特别要注意粗饲料和精饲料的调配；使用酒糟喂牛时，每日饲喂量不可超过日粮的30%。

②饲草不能铡得过短，精料不能粉碎过细。

③注意清除饲料中的异物，避免损伤迷走神经。

（七）皱胃炎

皱胃炎是指皱胃黏膜及黏膜下层的炎症，多见于犊牛和老龄牛。

1. 病因

（1）**原发性病因**　长期饲喂粗硬饲料、冰冻饲料、霉变饲料或长期饲喂槽粕、粉渣等；各种应激因素的影响，如长途运输。

（2）**继发性病因**　常继发于感冒、前胃疾病及某些寄生虫病（如血矛线虫病）和传染病（如牛病毒性腹泻、牛沙门氏菌病）等。

2．诊断要点

①喜青厌精（喜吃青饲料不喜吃精饲料），一吃精料就臌气、拉稀。

②易发生呕吐。

③触诊，皱胃区敏感，躲闪，出现反跳性疼痛（按之不痛，去压则疼痛明显）。溃疡时，呈现"右后肢前踏"姿势以减轻疼痛。

④听诊，真胃蠕动音亢进。

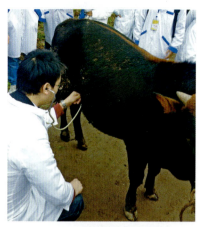

听诊，真胃蠕动音亢进

⑤早期粪便少、干，呈球状，被覆黏液，酸臭，有未消化的精料；中后期粪便呈糊状，有油腻感，混有黏液、血液，出血过多时，粪呈果酱色或松馏油色。

粪便有油腻感

真胃内积有血凝块

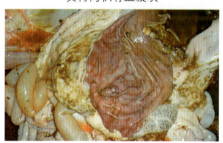

真胃炎病牛剖解后，真胃黏膜出血

3．防治

（1）西医治疗

①加强护理。首先绝食1～2 d，以后逐渐给予青干草和麸粥。对犊牛，在绝食期间，喂给温生理盐水，再给少量牛乳，逐渐增量。

②清理胃肠。植物油500～1 000 mL，一次灌服。

③抗菌消炎。

A.内服西药：磺胺脒片80 g，碳酸氢钠片80 g，分3次投服，首次各投服40 g，其余两次各投服20 g，一日2次。

B.注射给药：硫酸庆大霉素80万～160万IU，地塞米松25 g，混合后一次肌内注射或腹腔注射。

④强心补液。10%葡萄糖注射液1 000 mL、10%葡萄糖酸钙注射液300 mL、25%维生素C注射液30 mL，一次静脉注射。

⑤对症治疗。

A.腹泻严重：0.1%高锰酸钾1 000～3 000 mL，口服。

B.止血：止血敏20 mL，一次肌内注射。

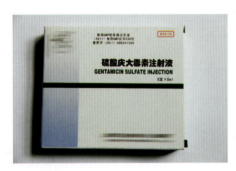

腹腔注射

（2）**中兽医治疗** 若胃气不和、食滞不化，应以调胃和中、导滞化积为主。宜用加味保和丸。

加味保和丸处方

焦三仙各300 g	莱菔子100 g
鸡内金60 g	延胡索60 g
川楝子100 g	焦槟榔40 g
大 黄100 g	青 皮120 g
陈 皮120 g	厚 朴60 g

共为末，开水冲调，一剂分两次服用，每日1剂，连服2～3剂

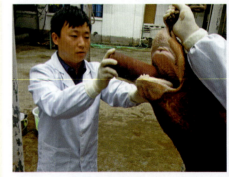

灌药瓶灌服中药

若脾胃虚弱、消化不良、皮温不整、耳鼻发凉，应以强脾健胃、温中散寒为主，宜用加味四君子汤。

加味四君子汤处方
党　参200 g　　白　术240 g　　茯　苓100 g　　肉豆蔻100 g
木　香80 g　　炙甘草80 g　　干　姜100 g
共为末，开水冲调，一剂分两次服用，每日1剂，连服2～3剂

（3）预防措施
①加强饲养管理，给予质量良好的饲料，饲料搭配合理。
②搞好畜舍卫生，尽量避免各种不良因素的刺激和影响。

（八）大肠便秘

大肠便秘是由于肠管运动机能和分泌机能紊乱，内容物滞留不能后移，水分被吸收，致使一段或几段肠管秘结的一种疾病。各种年龄的牛都可发生，便秘常发部位是结肠。

1. 病因

①连续采食大量的粗纤维饲料。
②大量摄入稻谷，积滞于盲肠，堵塞回盲口。
③摄入水分不足或机体丧失水分过多（如发热性疾病、长期使用利尿剂等）。
④老龄牛或体质虚弱牛，肠管正常蠕动功能降低。

2. 诊断要点

①突然出现腹痛（两后肢频频交替踏地，头向右顾腹，弓背努责），表现踢腹，摇尾和频频起卧。
②食欲减退，反刍停止，精神萎顿甚至虚脱，失水引起眼球下陷，心跳逐渐加快，振摇时右腹部有振水音。
③初期有排粪，但量少，中后期完全停止，多数排出胶冻样黏液。
④触诊，瘤胃坚实或有轻度臌气，瘤胃蠕动音多数废绝。

3. 防治

（1）西医治疗

①泻下。用硫酸钠（或硫酸镁）400 ～ 800 g、植物油500 ～ 1 000 mL，一次灌服。

②促进肠蠕动。用新斯的明20 ～ 30 mg，1次肌内注射；氨甲酰胆碱2 ～ 3 mg，1次皮下注射。

③对症疗法。脱水和自体中毒时，用10%葡萄糖注射液1 000 mL、10%葡萄糖酸钙注射液300 ～ 400 mL、25%维生素C注射液30 mL，一次静脉注射。

④手术治疗。

（2）中兽医治疗

①对于体质强壮牛，以通肠利便、消积导滞为原则，选用大承气汤加减。

大承气汤处方

大　黄200 g	芒　硝400 g
厚　朴60 g	枳　实60 g
槟　榔50 g	牵牛子40 g
青　皮60 g	番泻叶100 g

共为末，开水冲调，一次灌服

体格强壮牛便秘

②对于老龄、体弱、产前、产后的病牛，以润燥滑、理气通便为原则，方用当归苁蓉汤加减。

当归苁蓉汤处方

当　归180 g	肉苁蓉90 g
番泻叶45 g	木　香30 g
厚　朴45 g	炒枳壳30 g
醋香附45 g	瞿　麦30 g
通　草30 g	六　曲60 g

共为末，开水冲调，首次加猪肉500 g，一次灌服

体质虚弱牛便秘

(3) 预防措施

①对牛要经常给予多汁的块根或青绿饲料，粗纤维饲料要合理配搭，饮水充足，适当运动，避免饲料内混入毛发、植物根须等。

②饲料要配搭合理，避免长期单一饲喂谷糠、酒糟等。

（九）肠炎

肠炎指肠道黏膜及肌层的重剧性炎症过程。

1. 病因

①饲养管理不当：饲喂霉烂变质的饲料；过多饲喂了精料。

②应激因素：长途运输、气候骤变等。

③滥用抗生素或磺胺类药。

④继发于牛出血性败血症、牛病毒性腹泻等传染病过程中。

2. 诊断要点

①全身症状明显，精神沉郁，体温升高（40℃以上），脉搏增快（100次/min以上），呼吸加快。可视黏膜色泽改变（潮红、黄染、发绀）。机体脱水明显。

②食欲废绝，初期粪便干燥，后期腹泻，结膜黄染，常提示为小肠炎症。反之腹泻出现早，腹泻明显，并伴有里急后重现象，或肠音亢进，而食欲轻微减弱、口腔湿润、脱水迅速，为大肠炎症。

③血液学检查：红细胞数增多，红细胞压积增高；血液碱贮下降，血液CO_2结合力降低。

小肠出血，肠壁变薄

霉变的酒糟

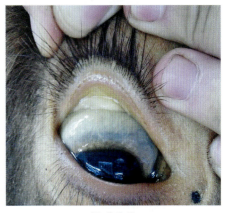

结膜黄染

鉴别诊断：胃炎、肠炎

项　目	胃　炎	肠　炎
食欲减退	显著	不明显
呕吐	有	无
粪便状况	以便秘为主	以下痢为主
黄疸	无	有
粪便中血液	粪中有暗红色血凝块	粪表面有鲜红色血液
口臭、舌苔	有	无
失水	无	有

鉴别诊断：小肠炎症、大肠炎症

项　目	小　肠	大　肠
失水	缓慢发生	快
粪便状况	先便秘，后腹泻	下痢、水泻
粪便中血液	均匀混合，呈黑色	鲜红，表面带血
血凝块	有	无
黄疸	有	无

3. 防治

（1）西医治疗

①抗菌消炎。应用抗生素或磺胺类药物，口服给药参见皱胃炎。

②缓泻、止泻。

A.缓泻：当肠音弱，粪干、色暗或排粪迟缓，有大量黏液，气味腥臭时，灌服植物油500～1 000 mL缓泻。

B.止泻：当粪便如水，频泻不止，腥臭气不大，不带黏液时，灌服0.1%高锰酸钾1 000～3 000 mL止泻。

③强心补液。10%葡萄糖注射液1 000 mL、10%葡萄糖酸钙注射液300～400 mL、25%维生素C注射液30 mL，一次静脉注射。

④对症疗法。

A.酸中毒：5%碳酸氢钠注射液250～500 mL，静脉注射。

B.出血：肌内注射安络血、止血敏、维生素K_3等。

C.恢复胃肠功能：用健胃药物（胃蛋白酶、乳酶生等）。

后海穴注射

处方1

①硫酸庆大霉素80万IU，地塞米松25 mg。

②止血敏20 mL（出血者使用）。

用法：①后海穴注射；②肌内注射。

处方2

①10%磺胺间甲氧嘧啶钠150 mL，生理盐水1 000 mL。

②5%碳酸氢钠注射液250～500 mL。

静脉输液

用法：①②分别一次静脉注射。

注：病情轻者使用处方1；病情重者处方1配合处方2使用。

(2) 中兽医治疗

中兽医称肠炎为痢疾，分为湿热痢和虚寒痢两种症型。

①湿热痢：症见发热，腹痛，泻痢腥臭，甚则脓血混杂，食欲减少或废绝，口渴贪饮，尿液短赤，口色红黄，舌苔黄腻或黄干，脉洪数或滑数。治疗以清热燥湿、凉血解毒为主，方用白头翁汤加减。

湿热痢病牛

白头翁汤处方

白头翁120 g　　黄　柏60 g　　黄　连50 g　　秦　皮120 g

黄　芩60 g　　大　黄60 g　　白　芍50 g　　木　通40 g

郁　金40 g　　车前子30 g

(腹泻严重者加石榴皮60 g，出血者加地榆、槐花各60 g)

以上共为末，开水冲调，一剂分2次服用，每日1剂，连服2～3剂

②虚寒痢：症见精神怠倦，卧多立少，体瘦毛焦，耳鼻四肢发凉，食欲减少或废绝，泻痢不止，水谷并下，口色淡白，舌苔白滑，脉迟细。治疗以温脾补肾、收涩固脱为主，方用四神丸合参苓白术散加减。

虚寒痢病牛

四神丸合参苓白术散处方

补骨脂120 g　　肉豆蔻60 g

五味子50 g　　吴茱萸120 g

党　参90 g　　茯　苓90 g

白　术90 g　　白扁豆120 g

陈　皮80 g　　炙甘草90 g

砂　仁60 g　　山　药90 g

薏苡仁80 g　　大　枣120 g

生　姜120 g

以上共为末，开水冲调，一剂分2次服用，每日1剂，连服2～3剂

(3) 肠炎综合性治疗措施

①抓住一个根本：消炎抗菌。

②把好两个关：缓泻、止泻。

③掌握好三个时期：早发现、早确诊、早治疗。

④做好四个配合：输液、强心、利尿、解毒。

三、其他内科疾病防治

(一) 中暑

中暑又称为日射病和热射病。

日射病是牛在炎热的季节中，头部持续受到强烈的日光照射而引起脑及脑膜充血和脑实质的急性病变，导致中枢神经系统机能障碍性疾病。

热射病是牛所处的外界环境气温高、湿度大，产热多、散热少，体内积热而引起的严重中枢神经系统机能紊乱的疾病。

1. 病因

①在高温天气和强烈阳光下驱赶、奔跑、运输等可引发此病。

②集约化养殖场饲养密度过大、潮湿闷热、通风不良，体质衰弱或过肥，出汗过多，饮水不足，缺乏食盐等是引起本病的常见原因。

2. 诊断要点

①发病季节（炎热夏季）、环境（养殖密度大、太阳光直射等）等。

②体温急剧升高（将温度计插进直肠，10 s 内可升到 42℃ 以上）。

③病牛气喘，张口呼吸。听诊心跳加快（达 100 次/min 以上），肺泡和支气管呼吸音增强，粗厉。

④病重牛站立不稳，形如酒醉，倒地昏迷。

⑤结膜发绀，静脉血呈酱油色。

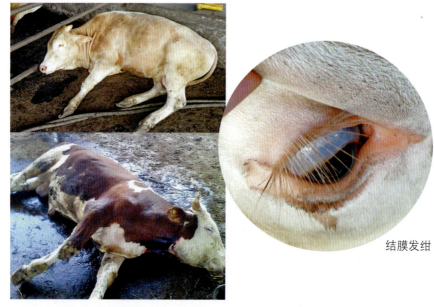

结膜发绀

倒地昏迷

3.防治

(1) 西医治疗

①除去病因，加强护理。立即停止一切应激，将病牛移至阴凉通风处。若病畜卧地不起，可就地搭起荫棚，保持安静。

②促进降温。不断用冷水浇洒全身，或用冷水灌肠，或用75%～90%酒精擦拭体表。

③减轻心、肺负荷。

冷水浇身

A.泻血：体质较好者可泻血适量（1 000～2 000 mL），同时静脉注射等量生理盐水。

B.缓解心肺机能障碍：心功能不全者，注射10%樟脑磺酸钠等强心剂。

C.防止肺水肿：静脉注射地塞米松。

④镇静安神。当病畜烦躁不安

和出现痉挛时，肌内注射氯丙嗪。

⑤缓解酸中毒。静脉注射5%碳酸氢钠注射液300～500 mL。

静脉泻血1 000～2 000 mL

静脉补液常用处方

　　①10%葡萄糖注射液 1 000 mL，10%葡萄糖酸钙注射液200 mL，25%维生素C注射液50 mL。

　　②0.9%氯化钠1 000～2 000 mL，20%樟脑磺酸钠 20 mL。

　　③5%碳酸氢钠注射液 250 mL。

　　用法：①②③分别一次静脉注射。

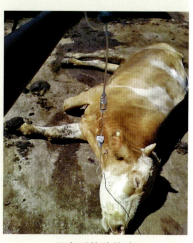

泻血后静脉输液

(2) 中兽医治疗　　中兽医称牛中暑为发痧，分为伤暑和中暑。

①伤暑（病情轻）：以清热解暑为原则，方用香薷散加减。

香薷散处方

| 香 薷 | 30 g | 藿 香 | 40 g | 青 蒿 | 40 g | 佩 兰 | 40 g |
| 知 母 | 40 g | 陈 皮 | 40 g | 滑 石 | 100 g | 石 膏 | 200 g |

水煎后一次灌服

②中暑（病情重）：以清热解暑、开窍、镇静为原则，方用白虎汤合清营汤加减。

白虎汤合清营汤处方

生石膏300 g　　知　母40 g　　青　蒿40 g　　生　地50 g
玄　参45 g　　竹　叶40 g　　金银花40 g　　黄　芩60 g
生甘草30 g　　芦　根70 g
水煎后一次灌服

（3）预防措施

①炎热夏季牛房内应装置电风扇等降温设施，饲养密度不能过大。

②长途运输不能拥挤，注意通风。装卸车时，避免牛在直射阳光下及闷热环境中停留过久。

（二）尿石症

尿石症指的是尿液中析出过饱和盐类结晶，刺激泌尿道黏膜，引起局部发生充血、出血、坏死和阻塞的一种泌尿器官疾病。临床上以腹痛、排尿障碍和血尿为特征。

根据尿石形成和移行部位可分为4类：肾结石、输尿管结石、膀胱结石、尿道结石。

1. 病因

①饲喂高钙、高磷、富硅的饲料。

②饲喂高能量饲料：黏蛋白、黏多糖。

③维生素A或胡萝卜素含量不足，可引起肾及尿路上皮角化及脱落，导致尿石形成中核心物质增多而发病。

④饮水少、水质硬。

⑤感染因素：炎性产物及细胞组织碎片可成为尿石形成的核心物质。

⑥其他因素：甲状腺机能亢进、尿道损伤、大量使用磺胺类药物等。

2. 诊断要点

①示病症状：血尿、频尿、排尿困难、尿闭等。

②饲喂高能量、高钙、高蛋白质的饲料及缺乏饮水的病史。

③触诊有助于诊断一定大小的结石。

④导尿管进行导尿，了解尿路结石的部位。

⑤治疗性诊断：如果按尿路炎症治疗，症状不见好转，或易反复发作。

直肠检查肾脏，病牛疼痛不安

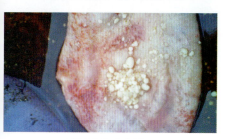

剖解后膀胱内结石

剖解后肾内结石

3. 防治

本病以预防为主，一旦发生结石，治疗比较困难。

①避免长期单调饲喂富含某种矿质的饲料或饮水。

②补充足够的维生素A。

③及时治疗泌尿系统疾病。

④饲喂多汁饲料或增加饮水。

⑤对舍饲牛，应适当地喂给食盐或添加适量的氯化铵，以延缓镁盐类、磷酸盐类在尿石外周的沉积。

（三）膀胱炎

膀胱炎是膀胱黏膜及其黏膜下层的炎症。母牛多发。

膀胱内淤积大量含有红细胞的尿液

1. 病因

①细菌感染：主要是化脓杆菌和大肠杆菌，其次是葡萄球菌、链球菌、绿脓杆菌、变形杆菌等，经过血液循环或尿路感染而致病。

②机械性刺激或损伤：导尿管太硬，插入过于粗暴。膀胱结石、膀胱内赘生物、尿潴留时分解产物的强烈刺激。

③毒物（如牛蕨中毒）影响或某种矿质元素缺乏（如缺碘）。

④邻近器官炎症的蔓延：肾炎、输尿管炎、尿道炎，尤其是母牛的阴道炎、胎衣不下、子宫内膜炎等，极易蔓延至膀胱而引起本病。

2. 诊断要点

（1）**疼痛性频尿**　患畜频频排尿，或屡作排尿姿势，但无尿液排出，尾巴翘起，阴户区不断抽动，有时出现持续性尿淋漓、痛苦不安等症状。

（2）**直肠检查**　患畜抗拒，表现疼痛不安；触诊膀胱，手感空虚。

（3）**尿液检查**　尿中出现较多的膀胱上皮细胞、炎性细胞、血液和磷酸铵镁结晶。

膀胱炎病牛卧地不起

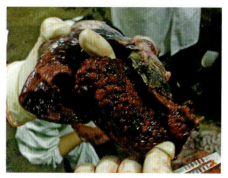

剖解后膀胱壁增厚出血

3. 防治

(1) 西医治疗

①去除病因，加强护理。给予充足的清洁饮水，可加少量食盐或车前草。

②抑菌消炎。

A.全身给药：静脉注射或肌内注射抗生素或磺胺类药物。

B.膀胱灌洗：用0.1%高锰酸钾反复冲洗膀胱后，在膀胱内注入青霉素生理盐水（青霉素100万～200万IU，生理盐水100 mL），每日1～2次，3～5 d为一个疗程。

③对症治疗。膀胱麻痹或弛缓而继发的膀胱炎，可使用导尿管导出膀胱内的积尿。

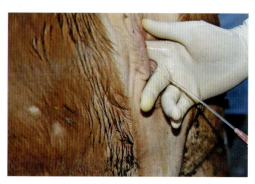

插入导尿管导出淤积的尿液

常用处方

①20%磺胺嘧啶钠注射液100 mL，生理盐水1 000 mL。

②5%碳酸氢钠注射液250 mL。

用法：①②分别一次静脉注射。

静脉输液

    (2) **中兽医治疗** 以清热利水、行气通淋为主，方用八正散加减。

八正散处方

木　通30 g	车前子40 g	萹　蓄30 g
大　黄40 g	滑　石40 g	瞿　麦30 g
甘草梢30 g	栀　子40 g	灯心草20 g

水煎服，一日一剂，连用2～3剂

(3) 预防措施

①保持畜舍清洁，防止病原微生物感染。

②导尿时，应严格遵守操作规程和无菌观念。

③牛患有其他泌尿器官疾病或生殖器官疾病时，应及时治疗。

（四）酒糟中毒

    酒糟是酿酒原料的残渣，除含有蛋白质和脂肪外，还有促进食欲、利于消化等作用。新鲜酒糟如不及时使用和密封处理，容易发生酸败和霉变，牛采食后就会发生中毒。

大量采食酒糟

1.病因

①制酒原料，如谷类中的麦角毒素和麦角胺、发霉原料中的真菌毒素等若存在于用该原料酿酒的酒糟中，都会引起相应的中毒。

②酒糟在空气中放置一定时间后，由于醋酸菌的氧化作用，将残存的乙醇氧化成醋酸，则发生酸中毒。

霉变的酒糟

③存于酒糟中的乙醇，引起酒精中毒。

④酒糟保管不当，发霉腐败，产生真菌毒素，引起中毒。

2.诊断要点

①病牛有大量采食酒糟的病史。

②病牛精神沉郁，卧地不起，排水样黑色粪便，有的粪便中带少量的血液和黏液；听诊，呼吸和心跳稍快，瘤胃的蠕动音弱且次数少，反刍停止。

③运步时共济失调，以后四肢麻痹，倒地不起。

排黄黑色水样粪便

3.防治

(1) 治疗措施

①换料排毒。立即将霉变酒糟更换成易消化、优质的饲料，对于拉稀症状不明显的病牛可用硫酸钠400 g、碳酸氢钠30 g、加水4 000 mL内服，以加速毒物排出。

②修复黏膜。消化道受损病牛，口服盐酸雷尼替丁胶囊。拉血病牛注射止血敏或维生素K_3。

③强肝解毒、利尿。解毒可用10%葡萄糖注射液1 000mL、氢化可的松250 mg、10%葡萄糖酸钙注射液150 mL、25%维生素C注射液 50 mL，一次静脉注射；利尿可肌内注射速尿10 ~ 20 mL。

④接种瘤胃微生物。胃管导出健康牛瘤胃液1 000 ～ 2 000 mL，给病牛一次灌服。

（2）预防措施

①用酒糟喂牛时，要搭配其他饲料，不能超过日粮的30%。用前应加热，使残存于其中的酒精挥发，同时消灭其中的细菌和真菌。

②贮存酒糟时要盖严踩实，防止空气进入，发生酸坏。亦可充分晒干保存。

③已发酵变酸的酒糟，可拌入适量小苏打，以中和酸性物质，降低毒性。

（五）有机磷农药中毒

牛有机磷农药中毒是由于接触、吸收或采食被有机磷农药污染的饲料、饲草及饮水所致的一种中毒性疾病。其临床特点是出现胆碱能神经兴奋效应。

1. 病因

有机磷农药种类较多，其中较常见的有剧毒类的甲拌磷、对硫磷、甲基对硫磷等，中毒类的乐果、敌敌畏，低毒类的杀螟松、敌百虫、马拉硫磷等。

肉牛有机磷农药中毒主要是由于误食了喷洒过有机磷农药的青草、庄稼和在消灭体表寄生虫及驱赶蚊蝇时，喷洒药物过多或浓度过高所致。

2. 诊断要点

严重者卧地不起

①有误饮食有机磷农药的病史。

②神经系统症状及消化系统症状：肌肉痉挛（以三角肌、斜方肌及股二头肌最为明显）、结膜发绀、瞳孔缩小、流涎、鼻液增多、出冷汗、四肢末端发凉、肠音强盛（重者减弱）、频频排稀软粪便。严重者卧地不起。

③实验室检查：全血胆碱酯酶

活力下降。

3. 治疗

立即应用特效解毒剂，尽快除去还未吸收的残毒。

①经皮肤吸收的，可用肥皂水或0.5%碳酸氢钠冲洗；经消化道吸收的，可用2% ~ 3%碳酸氢钠洗胃并灌服活性炭。若为敌百虫中毒，不能用碱水洗胃和洗皮肤(敌百虫遇碱生成敌敌畏)。

②特效解毒药：

A.0.5%硫酸阿托品注射液，牛每千克体重0.5 mg，以总剂量的1/4做静脉注射，余量做皮下注射或肌内注射，每3 ~ 4 h给药1次，直至瞳孔散大为止。

B.碘解磷定注射液，每千克体重15 ~ 30 mg，用葡萄糖或生理盐水配成5%的注射液静脉注射。氯磷啶与阿托品交替使用则效果更好。同时应用其他一般解毒措施及对症治疗。

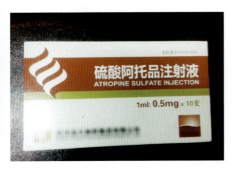

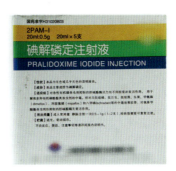

四、常见疫病防治

（一）口蹄疫

口蹄疫俗名"口疮""蹄癀""五号病"，是由口蹄疫病毒引起的一种急性、热性、高度接触性传染病。临床上以口腔黏膜、蹄和乳房皮肤发生水疱和溃烂为特征。

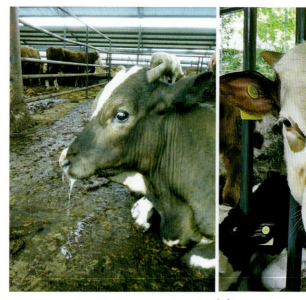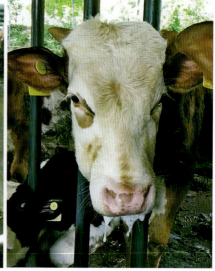

口蹄疫

1.诊断要点

（1）流行病学诊断　发病急、流行快、传播广，发病率高，但死亡率低，且多呈良性经过。

（2）症状及病变诊断

①大量流涎，呈引缕状。

②口蹄疫定位明确（口腔黏膜、鼻部、蹄部和乳头皮肤），病变特异（水疱、糜烂）。

③恶性口蹄疫时可见虎斑心。

2. 防治

（1）预防措施

①定期进行预防接种。免疫参考程序：

A. 种公牛、后备牛：每年注苗2次，每间隔6个月免疫1次。肌内注射高效苗5 mL。

B. 生产母牛：分娩前3个月肌内注射高效苗5 mL。

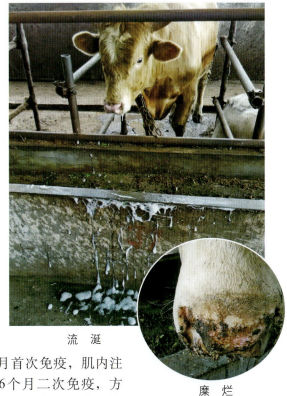

流涎

糜烂

C. 犊牛：出生后4～5个月首次免疫，肌内注射高效苗5 mL。首次免疫后6个月二次免疫，方法、剂量同首次免疫，以后每间隔6个月接种1次，肌内注射高效苗5 mL。

②定期消毒。每月对畜舍、运动场和用具用2%～4%氢氧化钠溶液、10%石灰乳、0.2%～0.5%过氧乙酸等喷洒消毒。

③对粪便进行堆积发酵处理。

（2）发生后的处理措施

①口蹄疫发生后，应迅速报告疫情，划定疫点、疫区，按照"早、快、严、小"的原则，及时严格封锁，疫区内病畜及同群易感畜应扑杀并进行焚烧，同时对病畜舍及污染的场所和用具等彻底消毒。

②对受威胁区内的健康易感畜进行紧急接种，所用疫苗必须与当地流行口蹄疫的病毒型、亚型相同。以便在受威胁区的周围建立免疫带以防疫情扩散。在最后一头病畜痊愈或屠宰后14 d内，未出现新的病例，经大消毒后可解除封锁。

③对疫区粪便进行堆积发酵处理，或用5%氨水消毒；畜舍、运动场和

用具用2%～4%氢氧化钠溶液、10%石灰乳、0.2%～0.5%过氧乙酸等喷洒消毒，毛、皮可用环氧乙烷或福尔马林熏蒸消毒。

（二）牛巴氏杆菌病

牛巴氏杆菌病又称为牛出血性败血症（牛出败），是由特定血清型（6：E、6：B）多杀性巴氏杆菌所引起的，是牛的一种急性热性传染病。以高热、肺炎、间或呈急性胃肠炎以及内脏广泛出血为主要特征。

1. 诊断要点

（1）临床诊断

①败血型：有的呈最急性经过，没有看到明显症状就突然倒地死亡。大部分病牛初期体温升高，达41～42℃。精神沉郁、反应迟钝、肌肉震颤，呼吸、脉搏加快，眼结膜潮红，鼻镜干燥，食欲废绝，反刍停止。腹痛、下痢、粪中混杂有黏液或血液，具有恶臭味。有时鼻孔和尿中有血。拉稀开始后，体温随之下降，迅速死亡。一般病程为12～24 h。

下痢，粪中混杂血液

②浮肿型：病牛除精神沉郁、反应迟钝、肌肉震颤、呼吸及脉搏加快、眼结膜潮红、鼻镜干燥、食欲废绝、反刍停止等全身症状外，可见咽喉部、颈部及胸前皮下出现炎性水肿，初有热痛，后逐渐变凉，疼痛减轻。病牛高度呼吸困难，流涎、流泪，并出现急性结膜炎，往往窒息而死，病程12～36 h。

③肺炎型：主要表现纤维素性胸膜肺炎症状。病牛呼吸困难，痛苦干咳，有泡沫状鼻汁，后呈脓性。胸部叩诊有浊音区，有疼痛反应。肺部听诊支气管呼吸音增强，出现水泡音，波及胸膜时有摩擦音。有的病牛，尤其是犊牛会出现严重腹泻，粪便带有黏液和血块。

（2）剖解诊断

①败血型：主要呈内脏器官充血，黏膜、浆膜、肺脏、舌及皮下组织和肌肉有出血点，淋巴结水肿，肝脏、肾脏实质变性，胸腔有大量渗出液。

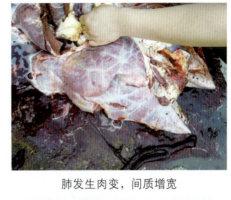

肺发生肉变，间质增宽

肺表面有干酪样坏死灶

肺萎缩，炎症波及整个肺叶

②浮肿型：可见咽喉部、下颌间、颈部与胸前皮下有黄色胶样浸润，颌下、咽背与纵膈淋巴结肿大，呈急性浆液出血性炎，上呼吸道黏膜呈急性卡他性炎。

③肺炎型：主要表现为纤维素性肺炎和浆液纤维素性胸膜炎。肺组织颜色从暗红、炭红到灰白，切面呈大理石样。随病变发展，在肝变区内可见到干燥、坚实、易碎的灰黄色坏死灶，个别坏死灶周围还可见到结缔组织形成的包囊。胸腔积聚大量有絮状纤维素的浆液。此外，还常伴有纤维素性心包炎和腹膜炎。

(3) 实验室诊断　采心血、肝、脾、淋巴结、乳汁、渗出液等涂片染色，美蓝染色呈两极浓染，革兰氏染色呈红色短小杆菌。还可进行分离培养。

2. 防治

(1) 预防措施　该病病原体为条件性致病菌，主要预防措施是：加强饲养管理，消除发病诱因，增强抵抗力；加强牛场清洁卫生和定期消毒。每年春、秋两季定期预防注射牛出败氢氧化铝甲醛灭活苗。体重在100 kg以下的牛，皮下注射或肌内注射4 mL，体重100 kg以上者注射6 mL，免疫力可维持9个月。发现病牛立即隔离治疗，并进行消毒。

(2) 治疗措施　早期应用血清、抗生素或合成抗菌药治疗效果好。血清和抗生素或合成抗菌药同时应用效果更佳。血清可用治愈牛血清，做皮下注射、肌内注射或静脉注射，小牛20 ~ 40 mL，大牛60 ~ 100 mL，必要时重复2 ~ 3次；病愈牛全血500 mL静脉注射也可。

①常用治疗方案：

方案1：每日上午8时分别肌内注射5%硫酸头孢喹肟注射液20 mL，前3 d，晚上7时肌内注射30%替米考星20 mL，后4 d晚上7时肌内注射恩诺沙星20 mL。

方案2：A.0.9%氯化钠1 000 mL、20%磺胺嘧啶钠注射液200 ~ 300 mL；B.5%碳酸氢钠250 mL，分别一次静脉注射，每日1次，连用7 d。

方案3：治愈牛全血500 ~ 1 000 mL，一次静脉注射。

方案4：灌服复方甘草合剂40 mg、碘化钾10 g，一次内服。

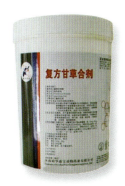

②根据临床症状选择治疗方案：

分组	临床症状	选用方案
病情严重	体温40℃以上，流脓性或铁锈色鼻液，肺部啰音明显，心率不齐或心音遥远或出现心包摩擦音或心包拍水音，拉水样血便或粪便秘结，脱水严重，咳喘明显，咽部肿胀明显，触诊高度敏感，食欲废绝	1、2、3、4
病情中等	体温39.5℃以上，流黄色黏稠鼻涕，肺部啰音比较明显，心率加快，心音增强，粪便较干或轻度腹泻，脱水不明显，咳嗽但不气喘，咽部轻度肿胀，触诊较敏感，食欲减少	1、3、4
病情轻微	体温39℃以上，流少量清鼻涕，肺部有轻微啰音，呼吸轻度加快或正常，粪便正常，没有脱水症状，偶尔咳嗽，咽部不肿胀，触诊不敏感，食欲正常	1

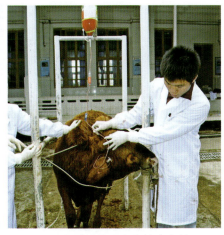

巴氏杆菌治愈牛全血静脉注射

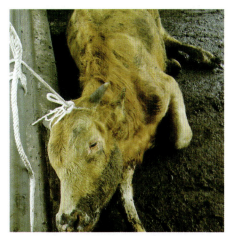

患牛精神沉郁，卧地不起，咳喘

鼻孔内有脓性鼻液

输液后病牛站立，精神好转

（三）牛传染性胸膜肺炎

牛传染性胸膜肺炎是由丝状霉形体引起的牛的一种接触性传染病。主要特征为纤维素性肺炎和胸膜炎。

1.诊断要点

（1）临床诊断

①急性型：病初体温升高至40～42℃，稽留热；鼻孔扩张，鼻翼扇动，有浆液或脓性鼻液流出。呼吸高度困难，呈腹式呼吸，有呻声或痛性短咳。前肢外展，喜站。

②慢性型：多数由急性型转化而来。病牛消瘦，消化机能紊乱，食欲反复无常，常伴发痛性咳嗽，叩诊胸部有浊音区且敏感。

（2）剖解诊断
特征性病变在肺脏和胸腔。肺的损害常限于一侧，以右侧居多，多发生在膈叶。初期以小

有浆液或脓性鼻液流出

叶性肺炎为特征，肺炎灶充血、水肿呈鲜红色或紫红色。中期为该病典型病变，表现为纤维素性肺炎或胸膜炎，肺实质发生肝变，红色和灰白色互相掺杂，切面呈大理石状外观。肺间质水肿增宽，呈灰白色。病肺与胸膜粘连，胸膜显著增厚并有纤维素附着，胸腔呈淡黄色并夹杂有纤维素性渗出物。

（3）实验室诊断　确诊可进行病原体的分离鉴定以及血清学试验。

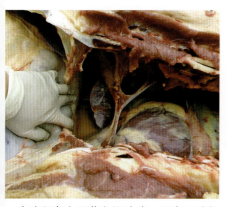

胸腔积有大量黄色混浊液，恶臭，肺与胸壁粘连

肺间质增宽，红色和灰白色互相掺杂

2. 防治

（1）预防措施　非疫区勿从疫区引牛。老疫区宜定期用牛肺疫兔化弱毒菌苗或绵羊化弱毒菌苗注射。

①氢氧化铝菌苗：臀部肌内注射，大牛 2 mL，小牛 1 mL。

②盐水苗：尾尖皮下注射（距离尾尖 2～3 cm 柔软处），大牛 1 mL，小牛 0.5 mL。此两种疫苗均可产生 1 年以上的免疫力。

（2）治疗措施　暴发牛传染性胸膜肺炎的地区，要通过临床检查，同时采血送检，检出病牛应隔离、封锁，必要时宰杀淘汰；污染的牛舍、屠宰场应用 2% 来苏儿或 20% 石灰乳消毒。本病早期治疗可达到临床治愈，但是病牛症状消失，肺部病灶被结缔组织包裹或钙化，长期带菌，故从长远利益考虑应以淘汰病牛为宜。

> **常用治疗方案**
>
> 　　方案1：每日上午 8 时分别肌内注射 30% 氟苯尼考注射液 20 mL，晚上 7 时肌内注射 30% 替米考星注射液 20 mL，后 4 d 晚上 7 时肌内

注射恩诺沙星20 mL。

方案2：输液治疗。

A.10%葡萄糖注射液1 000 mL、10%葡萄糖酸钙注射液150 mL、25%维生素C注射液20 mL。

B.10%浓氯化钠300 mL、地塞米松磷酸钠注射液10 mL。

C.5%碳酸氢钠注射液250 mL。分点一次静脉注射，每日1次，连用7 d。

方案3：5%葡萄糖注射液1 000 mL、盐酸环丙沙星注射液2 g，一次静脉注射，每日1次，连用7 d。

方案4：前3 d胸腔注射20%油剂土霉素20 mL（每侧10 mL）。

方案5：灌服复方甘草合剂40 mg、碘化钾10 g，一次内服。

病情轻微者	方案1			
病情中等者	方案1	＋ 方案3	＋ 方案5	
病情严重者	方案1	＋ 方案2	＋ 方案4	＋ 方案5

（四）片形吸虫病

片形吸虫病是以肝片形吸虫和大片形吸虫寄生为主的疾病。

1. 病原体

（1）肝片形吸虫（最常见）

①虫体：呈扁平叶状，活体为棕褐色，长21～41 mm，宽9～14 mm。虫体前端有一个三角形的锥状突起，其底部较宽似"肩"，从"肩"往后逐渐变窄。口吸盘位于锥状突起前端，腹吸盘略大于口吸盘，位于肩水平线中央稍后方。生殖孔在口吸盘和腹吸盘之间。

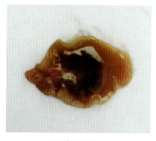

肝片形吸虫

②虫卵：虫卵为长椭圆形，大小为（133～157）μm×（74～91）μm，黄褐色，窄端有不明星的卵盖，卵内充满卵黄细胞和一个卵胚细胞。

（2）大片形吸虫

成虫长25～75 mm，呈柳叶状，无明显的双"肩"，虫体两侧较平直。虫卵为黄褐色，长卵圆形，大小为（150～190）μm×（70～90）μm。

2. 发育史

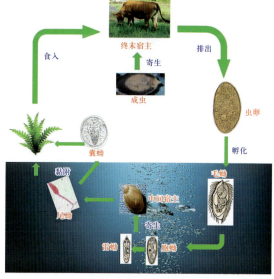

肝片形吸虫发育史

成虫寄生在牛肝脏胆管中，所产的卵随胆汁进入肠腔，再随粪便排出体外，在适宜的条件下经10～25 d孵出毛蚴并游动于水中，遇到适宜的中间宿主——椎实螺便钻入其中发育为尾蚴。尾蚴离开螺体在水生植物或水面下脱尾形成囊蚴。牛、羊在吃草或饮水时吞入囊蚴而遭感染。囊蚴在十二指肠逸出童虫，童虫穿过肠壁，经肝表面钻入肝内的胆管需2～3个月发育成熟。

3. 症状与诊断

（1）**临床症状**　轻度感染往往无明显症状。严重感染时，表现食欲不振，前胃弛缓。渐进性消瘦，贫血，颌下、胸前水肿。下痢，粪便常含有黏液，有恶臭和里急后重现象。孕畜流产。病情逐渐恶化，如不进行治疗，最后极度衰弱而死亡。抗生素治疗无效。

结膜苍白

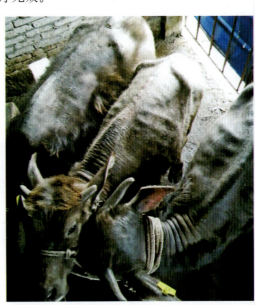

消　瘦

（2）**诊断**

①沉淀检查法：采集粪便，用水洗沉淀法检查虫卵。

②毛蚴孵化法：采用温水孵化虫卵，若发现有毛蚴游动即可确诊。

③病理剖检：动物死后剖检时，若在肝胆管内、胰管内、肠系膜静脉血管内发现虫体，即可确诊。

剖　检

4.治疗药物

（1）**吡喹酮**　35 ～ 45 mg/kg，1 次口服。

（2）**氯氰碘柳胺**　5 mg/kg，口服；2.5 ～ 5mg/kg，深部肌内注射。

（3）**三氯苯唑（肝蛭净）**　10 mg/kg，1 次口服，该药对肝片吸虫成虫和童虫均有高效，休药期 14 d。

（4）**丙硫咪唑（抗蠕敏）**　10 ～ 15 mg/kg，1 次口服。

5.预防

（1）**科学放牧**　在本病流行地区，应尽量选择在高海拔、干燥地带建立牧场和放牧。

（2）**预防性驱虫**　最好一年内进行秋末冬初和冬末春初时期的两次全群预防性驱虫。

（3）**消灭中间宿主**　可用物理法、化学法、生物法杀灭螺体。

（4）**隔离传染源**　对病畜和人应及时驱虫治疗。人、畜粪便应尽量收集起来，进行生物热处理以消灭其中的虫卵。

对人、畜粪便进行生物热处理

（五）蜱病

蜱病是以硬蜱和软蜱寄生为主的疾病。通过吸血导致贫血、消瘦并损伤皮肤引起继发感染；释放的毒素可引起牛瘫痪，同时间接传播疾病（梨形虫病、炭疽等）。

1.病原体

（1）**硬蜱（最常见）** 红褐色或灰褐色，饥饿时呈前窄后宽、背腹扁平的长卵圆形，芝麻大到大米粒大（2～13 mm），饱血后呈椭圆形或圆形，身体可增大几倍到几十倍，头、胸、腹融为一体。

（2）**软蜱** 扁平，卵圆形或长卵圆形，体前端较窄。假头从背面看不到，隐于腹面的头窝内。革质表皮，有皱襞。白天隐伏，多在夜间吸血。

硬　蜱

软　蜱

2. 生活史

虫卵　→（几天至1个月）→　幼虫　→（2~7d 蜕皮）→　若虫　→（9~30d 蜕皮）→　成虫

土里孵化，适宜温度、湿度、氧气　←　成虫产卵　←（需时1~12个月或1~2年）←　落地（4~8 d）

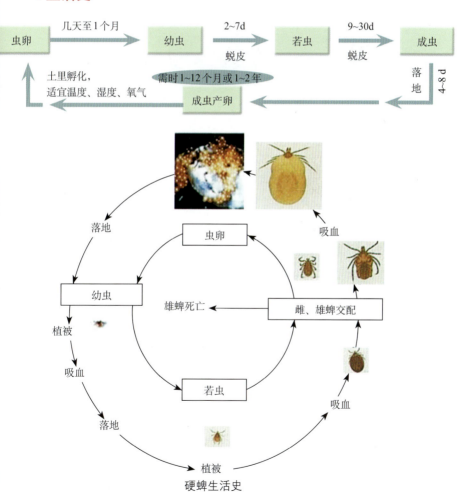

硬蜱生活史

（1）**繁殖**　一生产卵一次，数千至数万个。

（2）**寻找宿主吸血**　多在白天。

（3）**发育阶段**　3次吸血、2次蜕皮，一个若虫期。

（4）**类型**　按照每次发育是否更换宿主，分成一宿主蜱，二宿主蜱，三宿主蜱。

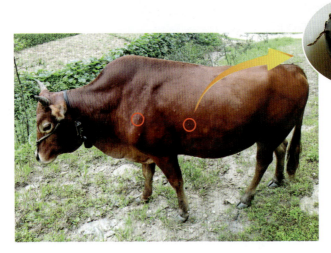

寄生在牛体身上
的硬蜱

3. 防治

①消灭动物体上的蜱。

A. 手工灭蜱（注意是否完全拔出假头）。

B. 药物灭蜱（硫黄、伊维菌素、敌百虫等）。

②消灭圈舍内的蜱。

③消灭自然环境中的蜱。

A. 超低容量喷雾，如马拉硫磷等。

B. 生物灭蜱，如寄生蜂、真菌等。

（六）巴贝斯虫病

牛巴贝斯虫病是由巴贝斯科巴贝斯属的原虫寄生于牛红细胞内引起的疾病。旧名为"焦虫病"。由于经蜱传播，故又称为蜱热。临诊特征为高热、贫血、黄疸、血红蛋白尿。

1. 病原体

（1）**双芽巴贝斯虫**　寄生于牛。虫体长2.8～6μm，为大型虫体，有2团染色质块。每个红细胞内多为1～2个虫体，多位于红细胞中央。姬姆萨氏染色后，细胞质呈淡蓝色，染色质呈紫红色。红细胞染虫率为2%～15%。虫体形态随病程的发展而变化，初期以单个虫体为主，随后双梨籽形虫体所占比例逐渐增多。典型虫体为成双的梨籽形，以尖端相连成锐角。

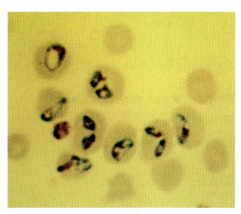

双芽巴贝斯虫虫体

（2）**牛巴贝斯虫**　虫体长1～2.4μm，为小型虫体，有1团染色质块。每个红细胞内多为1～3个虫体，多位于红细胞边缘。红细胞染虫率一般不超过1%。典型虫体为成双的梨籽形，以尖端相连成钝角。

2. 发育史

牛巴贝斯虫的发育需要转换2个宿主才能完成，一个是牛，另一个是硬蜱。带有子孢子的蜱吸食牛血液时，子孢子进入红细胞中，以裂殖生殖的方式进行繁殖，产生裂殖子。当红细胞破裂后，释放出的虫体再侵入新的红细胞，重复上述发育，最后形成配子体。蜱吸食带虫牛或病牛的血液后，虫体在硬蜱的肠内进行配子生殖，然后在蜱的唾液腺等处进行孢子生殖，产生许多子孢子。

3. 症状与诊断

（1）**临床症状**　潜伏期为8～15d。病初表现高热稽留，体温可达40～42℃，脉搏和呼吸加快，精神沉郁，食欲减退甚至废绝，反刍迟缓或停止，便秘或腹泻，乳牛泌乳减少或停止，妊娠母牛常发生流产。病牛迅速消瘦，贫血，黏膜苍白或黄染。由于红细胞被大量破坏而出现血红蛋白尿。慢性病例，体温在40℃左右持续数周，食欲减退，渐进性贫血和消瘦，需经数周或数月才能恢复健康。幼龄病牛中度发热仅数日，轻度贫血或黄染，退热后可康复。

（2）**诊断**　根据流行病学特点、临诊症状、病理变化和实验室常规检查进行初步诊断，确诊须做血液寄生虫学检查。还可用特效抗巴贝斯虫药物进行治疗性诊断。

4.防治

（1）**治疗**　驱虫，及时辅以退热、强心、补液、健胃等对症疗法。

①锥黄素（吖啶黄）：3～4 mg/kg，配成0.5%～1%水溶液，静脉注射，症状未减轻时，24 h后再注射1次。病牛在治疗后数日内避免烈日照射。

②盐酸咪唑苯脲注射液：1～3 mg/kg，配成10%的水溶液肌内注射。

③注射用三氮脒（贝尼尔、血虫净）：3.5～3.8 mg/kg，配成5%～7%溶液深部肌内注射。

（2）**预防**

①搞好灭蜱工作，实行科学轮牧。在蜱流行季节，牛尽量不到蜱大量滋生的草场放牧，必要时可改为舍饲。

②加强检疫，对外地调进的牛，特别是从疫区调进时，一定要检疫后隔离观察，患病或带虫者应进行隔离治疗。

③在发病季节，可用咪唑苯脲进行预防，预防期一般为3～8周。

（七）螨病

螨病又称为疥癣、疥疮，俗称癞，是由疥螨科和痒螨科的虫体寄生于牛的皮内或皮表引起的一种慢性皮肤病。临诊上以剧痒，患部皮肤渗出浆液、脱毛、老化、形成痂皮以及逐渐向外周蔓延为特征。

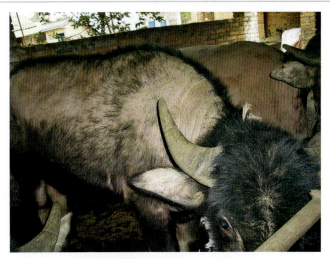

患部皮肤脱毛、老化、形成痂皮

1. 病原体

（1）**疥螨** 近似圆形，0.3 ～ 0.5 mm。口器粗短，蹄铁形，腹面有4对肢，粗壮。

（2）**痒螨** 近似椭圆形，0.5 ～ 0.8 mm。口器圆锥形，为刺吸式。附肢细长而突出虫体边缘。

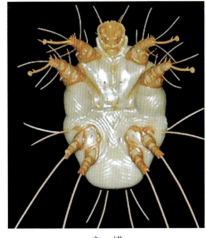

疥 螨

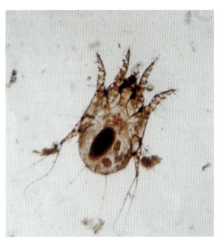

痒 螨

2.诊断要点

(1) 症状诊断

①牛痒螨病：初期见于颈、肩和垂肉，严重时波及全身，病牛常舔患处，其痂垢较硬并有皮肤增厚现象。

②牛疥螨病：多始于牛的面部、尾根、颈、背等被毛较短处，逐渐蔓延至全身。

(2) 显微镜检查
用刀片刮取患部和健康皮肤交界处的痂皮，在显微镜下观察有无虫卵、幼虫、若虫或成虫。

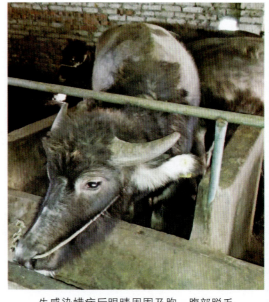

牛感染螨病后眼睛周围及胸、腹部脱毛

3.防治

(1) 治疗

①1%～3%敌百虫（30 g）溶液喷洒患部，5 d重复一次。勿与碱性药物同用。

②伊维菌素0.2 mg/kg颈部皮下注射，隔7 d重复1次。

(2) 预防

①畜舍应宽敞、干燥、透光、通风良好，注意消毒和清洁卫生。

②经常检查牛群，若有发痒、掉毛现象，应隔离饲养并治疗。新引入的牛应隔离观察。

五、常见产科病防治

（一）卵巢囊肿

卵巢囊肿包括卵泡囊肿和黄体囊肿两种。卵泡囊肿为卵泡上皮细胞变性，卵泡壁增生变厚，卵细胞死亡，致使卵泡发育中断，而卵泡液未被吸收或增生所形成。囊肿呈单个或多个存在于一侧或两侧卵巢上，壁较薄。黄体囊肿是由于未排卵的卵泡壁上皮黄体化而形成，或排卵后黄体化不足，黄体的中心出现充满液体的腔体而形成。囊肿一般多为单个，存在于一侧卵巢上，壁较厚。

1.病因

①饲料中缺乏维生素A或含有多量的雌激素；饲喂精料过多而又缺乏运动，故舍饲牛多发。

②垂体或其他激素腺体机能失调或雌激素用量过多，均可造成囊肿。

③由于子宫内膜炎、胎衣不下及其他卵巢疾病而引起卵巢炎，可致使排卵受阻，也与本病的发生有关。

2.诊断要点

①卵泡囊肿的主要特征是无规律地频繁发情和持续发情，甚至出现慕雄狂；黄体囊肿则长期不表现发情。

②直肠检查，卵泡囊肿的壁薄、稍有波动，黄体囊肿壁较厚，多数牛子宫弹性较弱。

直肠检查卵泡囊肿

3.防治

（1）西医治疗

①激素疗法。

A.绒毛膜促性腺激素（HCG）具有促黄体素的效能，牛静脉注射为2 500 ～ 5 000 IU，肌内注射10 000 ～ 20 000 IU。

B.经HCG治疗3 d无效，可选用黄体酮，50 ～ 100 mg，肌内注射，每日一次，连用5 ～ 7 d，总量为250 ～ 700 mg。或选用促性腺激素释放激素（GnRH）：牛0.25 ～ 1.5 mg，肌内注射，效果显著。

②碘化钾疗法。碘化钾3 ～ 9 g粉末或1%水溶液，内服或拌入料中饲喂，每日一次，7 d为一个疗程，间隔5 d，连用2 ～ 3个疗程。

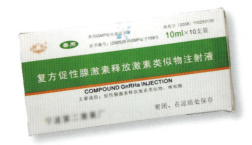

（2）中兽医治疗　以行气活血、破血去瘀为主，可用以下方剂。

肉　桂20 g	桂　枝25 g	莪　术30 g	三　棱30 g
藿　香30 g	香附子40 g	益智仁25 g	甘　草15 g
陈　皮30 g			

粉碎后一次灌服

（3）预防

①供给全价并富含维生素A及维生素E的饲料，防止精料过多。

②适当运动，合理使役，防止过劳和运动不足。

（二）持久黄体

持久黄体是指母牛在分娩后或性周期排卵后，黄体长期存在而不消失。由于持久黄体持续分泌黄体酮，抑制卵泡发育，致使母牛久不发情，从而引起不孕。

1.病因

（1）饲养管理不当　饲料单纯，缺乏矿质元素、维生素A、维生素E；饲喂高能量饲料，如黏蛋白、黏多糖。

（2）子宫疾病　子宫慢性炎症、胎衣不下、子宫复旧不全等，子宫内存有异物如木乃伊胎儿、子宫蓄脓、子宫积水、子宫肿瘤及胎儿浸溶等，都会使黄体吸收受阻，而成为持久黄体。

2.诊断要点

①母牛性周期停滞，长期不发情。

②直肠检查：一侧或两侧卵巢体积增大，卵巢内有持久黄体存在，呈圆锥状或蘑菇状突出于卵巢表面。

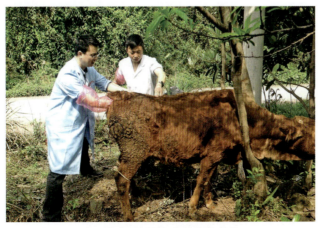

直肠检查，卵巢上有蘑菇状黄体

3. 治疗

用前列腺素 $F_{2\alpha}$ 30 mg 或氯前列醇钠注射液 500 μg，一次肌内注射。

（三）产后子宫内膜炎

产后子宫内膜炎是子宫内膜的急性炎症，常发生于产后或流产后的数日之内，多为黏液性或黏液脓性。

1. 病因

①牛床不卫生、配种消毒不严、助产损伤产道、剥离胎衣或救助难产时方法不当。（可以避免）

②产后子宫收缩弛缓、复旧不全、恶露排出期延迟。（不可避免）

2. 诊断要点

①病牛表现拱背努责、体温升高、精神沉郁、食欲明显下降、反刍减少或停止。休息或站立时从阴道内排出脓样分泌物，常粘在尾根部和后躯，形成干痂。

从阴道内排出脓样分泌物

②直肠检查，子宫角变粗，有渗出液积留时，压之有波动感。

3. 防治

（1）西医治疗

①子宫冲洗。选用0.1%高锰酸钾溶液，每日或隔日冲洗子宫，至冲洗液变清为止。

②子宫灌注抗生素。每次冲洗完后用20%油剂土霉素或5%头孢噻呋混悬液20 mL灌注子宫内。

③应用子宫收缩剂。为增强子宫收缩力，促进渗出物的排出，可肌内注射缩宫素100～150 IU。

（2）**中兽医治疗** 中兽医将此病辨证为湿热下注胞宫，治疗以活血祛瘀、清热燥湿为原则，方用复宫散。

复宫散处方

桃 仁40 g	红 花40 g	生 地50 g	赤 芍50 g
当 归50 g	川 芎40 g	益母草200 g	炙甘草20 g
淫羊藿40 g	金银花60 g	黄 柏60 g	牛 膝60 g

共研末，开水冲调，以白酒300 mL为引，一次灌服。每日1剂，连服3剂

（3）**预防措施**

①产房要彻底打扫消毒，对于临产母牛的后躯要清洗消毒，助产或剥离胎衣时要无菌操作。

②产后立即注射缩宫素100 IU（可2 h用药一次），同时投服红糖250 g、白酒200 g、益母草粉250 g、温盐水8 kg左右。

（四）难产

难产是由于各种原因，使正常分娩过程受阻，母畜不能顺利排出胎儿的产科疾病。

1.病因

（1）**产力异常** 产力是分娩的动力，由母畜腹肌的收缩和子宫阵缩形成。

水牛难产

由于母体营养不良、疾病、疲劳、分娩时外界因素的干扰，以及不适时地给予子宫收缩剂等，均可使母畜阵缩及努责微弱。

（2）**产道异常**　如骨盆畸形、骨折，子宫颈、阴道及阴门的瘢痕、粘连和肿瘤，以及发育不良，都可造成产道的狭窄和变形。

（3）**胎儿异常**　见于胎儿过大、胎儿活力不足、胎儿畸形、胎儿姿势（即胎儿各部分之间的关系）不正、胎向（即胎儿身体纵轴与母体纵轴之间的关系）不正和胎位（即胎儿背部与母体背部或腹部之间的关系）不正等。

2. 诊断要点

（1）**母畜阵缩及努责微弱**　母畜已到预产期，阵缩及努责短而无力，间歇长，无明显不安现象，迟迟不见胎囊露出和破水，分娩时间延长。检查产道，颈口已开张，但不充分，可摸到未破的胎囊或胎儿前置部分。

（2）**子宫颈狭窄**　母畜妊娠期满，具备了全部分娩预兆，阵缩及努责正常，但长久不见胎囊及胎儿露出阴门外。检查产道，触摸子宫颈时，感到松软和弛缓不充分，有时可摸到瘢痕、无弹性等变化。

3. 防治

（1）母畜阵缩及努责微弱

①颈口已全部开张，胎势无异常，按一般助产方法拉出胎儿。

②颈口开张不全，胎水已破，胎势正常，可越过产道握住胎儿，借助母牛努责让胎儿前置部分扩张子宫颈，然后将胎儿拉出产道。

（2）**子宫颈狭窄**　子宫颈扩张不全，阵缩、努责微弱，胎囊未破时，应稍加等待。或肌内注射己烯雌酚20～40 mg，然后再注射催产素30～100 IU，也可静脉注射10%氯化钠注射液300～500 mL，以促进子宫收缩，扩张子宫颈口。也可向阴道内灌注45℃温水或5%可卡因或盐酸普鲁卡因溶液，然后用手指逐渐扩张子宫颈口。当子宫颈口扩张到一定程度，胎囊和胎儿一部分已进入子宫颈时，可向颈管内注入石蜡油，以润滑产道，再施行牵引术。

牛剖宫产手术

1. 适应症

①胎儿过大或严重气肿。

②阴道极度肿胀或狭窄,手不易伸入。

③子宫颈狭窄或闭锁。

④子宫捻转,矫正无效。

⑤胎位或胎势严重异常,无法矫正。

⑥子宫弛缓,催产或助产无效。

⑦骨盆发育不全,使骨盆过小。

⑧母牛妊娠期满生命垂危,舍母救仔。

2.术前准备

(1) **人员** 必须了解母畜生殖器官解剖特点和分娩时胎儿的胎向、胎位、胎势及难产救助的基本程序。

(2) **场地** 施术场地要求具备宽敞、平坦、明亮、清洁、安静、温暖、用水方便等条件。

(3) **器械** 腹腔手术器械一套,大纱布块两张,保定器具(绳、木棒等)、输液器械(输液管、夹子、针头、注射器)。

(4) **药物** 生理盐水、抗生素(青霉素、链霉素、土霉素)、肾上腺素、普鲁卡因、葡萄糖及常规消毒药物等。

3.手术步骤

(1) 保定患畜 术前应检查体况;地面垫草,使其左侧卧或右侧卧,分别绑住前、后腿,并将头保定。

(2) 预切口线 沿腹内斜肌走向(髋结节和脐部联线上),用碘酒划一条线,以后的手术切口将在此线上进行。

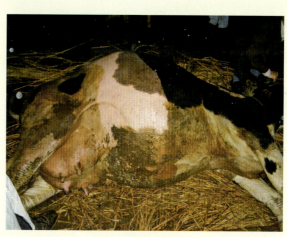

左侧卧保定患畜

切口定位

（3）**麻醉**　术部用0.5%普鲁卡因（盐酸普鲁卡因注射液）分层、浸润、扇形麻醉。

（4）**手术操作**

麻　醉

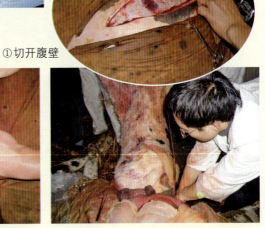

①切开腹壁

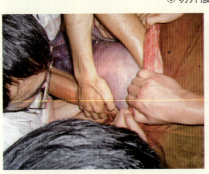

②将胎儿和子宫角大弯引出腹壁切口，在子宫和腹壁间用大块消毒的生理盐水纱布隔离

③避开子叶，切开子宫，拉出胎儿

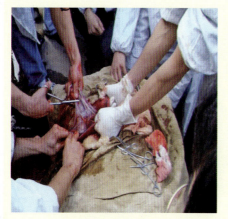

④剪去游离胎衣

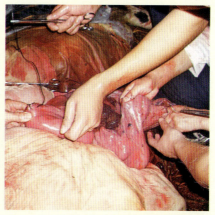

⑤分别连续和内翻缝合子宫

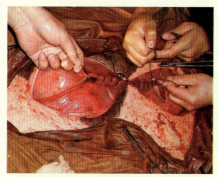

⑥缝合腹膜，腹内斜肌和腹外斜肌

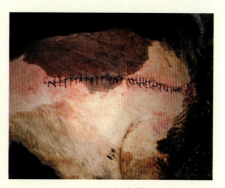

⑦缝合皮肤

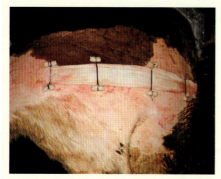

⑧盖纱布条防止感染

⑨解除保定

术后补液

4.术后护理

牛床垫草，保持通风、透光和卫生，常规饲养，抗菌消炎5 d，12～13 d拆线。

衰弱牛静脉补液3 d，常用处方：

①10%葡萄糖酸钙400 mL，10%葡萄糖液1 000 mL。

②0.9%氯化钠1 000 mL，青霉素4 000万IU。

③10%氯化钠500 mL。

用法：①②③分别一次静脉注射。

（五）胎衣不下

胎衣不下是指母牛分娩后不能在正常时间内（12 h）将胎膜完全排出。

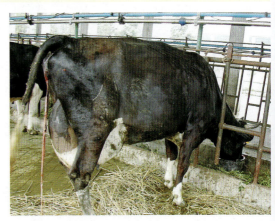

胎衣不下

1.病因

（1）产后子宫收缩无力 日粮中钙、镁、磷比例不当，运动不足，消瘦或肥胖，难产后子宫肌过度疲劳，以及雌激素不足等，都可导致产后子宫收缩无力。

（2）胎儿胎盘与母体胎盘愈着 子宫或胎膜的炎症，可引起胎儿胎盘与母体胎盘粘连而难以分离，造成胎衣滞留。

（3）与胎盘结构有关 牛的胎盘是结缔组织绒毛膜型胎盘，胎儿胎盘与母体胎盘结合紧密，故易发生。

（4）环境应激反应 分娩时，受到外界环境的干扰而引起应激反应，可抑制子宫肌的正常收缩。

2. 诊断要点

（1）**部分胎衣不下**　停滞的胎衣悬垂于阴门之外，呈红色→灰红色→灰褐色的绳索状，且常被粪土、草渣污染。

（2）**全部胎衣不下**　残存在母体胎盘上的胎儿胎盘仍存留于子宫内。胎衣不下会伴发子宫炎和子宫颈延迟封闭，且其腐败分解产物可被机体吸收而引起全身性反应。

3. 防治

（1）西医治疗

①**尽早控制感染**。青霉素400万～600万IU、链霉素300万～400万IU、氨基比林40 mL、地塞米松25 mg，混合后肌内注射，一日2次。

②**促进子宫收缩**。催产素50万～100万IU，肌内注射（注射后让牛站立1 h以上，以免造成子宫脱出）。同时静脉注射10%氯化钠溶液300～500 mL或3 000～5 000 mL子宫内灌注。

③**防止胎衣腐败及子宫感染**。向子宫黏膜和胎衣之间投放抗生素（土霉素或青霉素等）1～3 g，隔日一次，连用1～3次。胃蛋白酶20 g、稀盐酸15 mL、水300 mL，混合后灌注子宫，以促进胎衣的自溶分离。

④**手术剥离**。夏季产后48 h，冬季产后72 h，若胎衣仍未排出，且体温不超过39.4℃，即可进行手术剥离。

剥离时，左手握住悬垂的胎衣并稍牵拉，右手伸入牛子宫内，沿子宫壁或胎膜找到子叶基部，向胎盘滑动，以无名指、小指和掌心挟住胎儿胎盘周围的绒毛膜成束状，并以拇指辅助固定子叶；然后以食指及中指剥离开母、子胎盘相结合的周缘，待剥离半周以上后，食指、中指缠绕该胎盘周围的绒毛膜，以扭转的形式将绒毛从小窝中拔出。若母子胎盘结合不牢或胎盘很小，可不经剥离，以扭转的方式使其脱离。子宫角尖端的胎盘，手难以达到，可握住胎衣，随患畜努责的节律轻轻牵拉，借子宫角的反射性收缩而上升后，再行剥离。

（2）中兽医治疗　当病牛体温升高超过39.4℃或子宫颈关闭，使手不能伸入子宫或胎衣粘连较紧而不能剥离时，采用中兽药疗法，方用桃红四物汤加减。

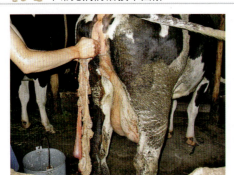
手术剥离

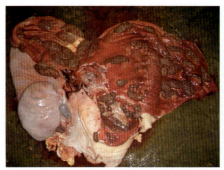
剥离后的胎衣

桃红四物汤处方

桃 仁40 g	红 花40 g	生 地50 g	赤 芍50 g
当 归50 g	川 芎40 g	益母草200 g	甘 草20 g
大 黄100 g	芒 硝200 g	厚 朴50 g	枳 实60 g

共研末，开水冲调，以红糖250 g、白酒100 mL为引，一次灌服。
一日一剂，连服3剂

（3）预防

①饲料中补充矿质元素（硒、钙）和维生素（维生素A、维生素E、胡萝卜素）。

②避免用外源性药物如皮质类固醇引产。

③舍饲母牛要适当运动，避免喂得太肥，产前1周适当减少精料。

④分娩后立即肌内注射缩宫素100 IU和静脉注射钙制剂（葡萄糖酸钙或氯化钙）。

六、常见外科病防治

（一）关节炎

牛关节炎是关节滑膜层的渗出性炎症。其特征是滑膜充血、肿胀，有明显渗出物，关节腔内蓄积多量浆液性或纤维素性渗出物。多见于牛的跗关节、膝关节和腕关节。

1. 病因

（1）**损伤性因素**　关节因挫伤、扭伤和脱位等而发炎。

（2）**血源性因素**　如牛患布鲁氏菌病、大肠杆菌病、副伤寒、传染性胸膜肺炎、乳房炎、产后感染等，细菌经血液循环侵入关节滑膜囊内而发病。

2. 诊断要点

急性浆液性关节炎，其关节腔内积蓄大量浆液性炎性渗出物，关节肿大、热痛，指压其关节憩室突出部位有明显波动。病牛站立时关节屈曲，不敢负重。转入慢性时，则跛行程度和热痛感均有所减轻，但肿胀仍未消失。化脓性关节炎的临床症状较为明显，严重时牛卧地不起，穿刺肿胀最软部常流出脓性分泌物。

3. 治疗

（1）**急性浆液性关节炎**　用0.5%的普鲁卡因青霉素10 mL、地塞米松5 mg，混合后关节腔内注射。

（2）**慢性浆液性关节炎**　可用温热疗法；外敷鱼石脂软膏。

（3）**化脓性关节炎**　对化脓性关节炎的治疗原则是早期控制及消除感染，排出脓汁，关节周围封闭（生理盐水9 mL，地塞米松5 mg，2%普鲁卡因3 mL，头孢噻呋1.0 g，自家血2 mL，混匀后关节周围注射）治疗。

化脓性关节炎的手术治疗

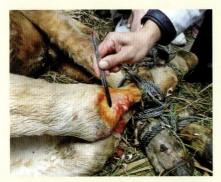

①在化脓关节的下方切开关节，排出脓汁

②用过氧化氢溶液反复冲洗无气泡后，再用含青霉素的生理盐水冲洗

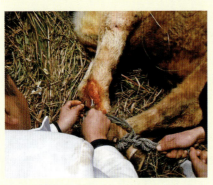

③在关节腔内放入涂有青霉素的纱布条，每日更换一次，在创口周围涂抹红霉素软膏

④将关节腔周围封闭后，绑绷带

（二）腐蹄病

腐蹄病是指趾间皮肤及深层组织的急性或亚急性炎症，并造成皮肤裂开甚至坏死，常向上蔓延到蹄冠、系部及系关节。

右后肢趾关节溃烂，不敢负重

1. 病因

（1）**细菌感染** 坏死杆菌是引发腐蹄病的主要病原体。

（2）**饲养管理不当** 日粮中钙、磷不平衡，牛蹄长期被粪、尿、污水浸渍，蹄部受伤感染化脓，都是诱因。

圈舍卫生差，病牛蹄部长期被粪尿浸渍

2. 诊断要点

①频频提举患肢，患蹄频频敲打地面，站立时间缩短，不愿负重，运步疼痛，跛行。

②趾间皮肤红肿、敏感，甚至破溃、化脓、坏死；蹄冠呈红色或紫红色、肿胀、疼痛。

③深部组织、腱韧带、蹄、冠关节坏死感染时，会形成脓肿或瘘管，流出微黄色或灰白色恶臭脓汁。

蹄叉溃疡、化脓

蹄组织深层形成脓肿，流出白色脓汁

3. 防治

（1）**全身疗法** 如体温升高、食欲减退，或伴有关节炎症，可用磺胺、抗生素治疗。青霉素500万IU，一次肌内注射；10%磺胺嘧啶钠150 ～ 200 mL，生理盐水500 mL，一次静脉注射，每日一次，连续注射7 d；5%碳酸氢钠500 mL，一次静脉注射，连续注射3 ～ 5 d。

（2）**局部治疗** 在掌部或跖部做局部封闭，用0.25%普鲁卡因20 mL、青霉素400万IU、地塞米松10 mg，分点注射到皮下。

（3）**削蹄、修蹄** 用消毒液清洗后，在创口内撒高锰酸钾粉，蹄外绑绷带，将病牛置于干燥圈舍内饲养。

（4）**预防** 保持圈舍清洁干燥，定期用10%硫酸铜浴蹄。

①用修蹄刀除去糜烂角质及嵌入的异物

②创口内填塞高锰酸钾粉

③用绷带打结固定

（三）蹄叶炎

蹄叶炎是蹄真皮的弥漫性、非化脓性、渗出性炎症。出现蹄角质软弱、疼痛和程度不同的跛行。常侵害前肢的内侧趾和后肢的外侧趾。

1. 病因

（1）**营养因素** 饲料中蛋白质或糖类含量过高，粗纤维饲料不足或缺乏，瘤胃内环境遭到破坏。

（2）**管理因素** 运动量太小。

（3）**其他因素** 甲状腺机能减退、胎衣不下、子宫炎、瘤胃酸中毒等疾病都是本病的诱因。

2.诊断要点

①急性病例体温升高40～41℃，蹄冠肿胀疼痛，肌肉震颤，不愿行走，不愿负重，拱背站立，喜卧。

②慢性者可见蹄变形，步态强拘。实验室检验可见血糖含量增高及血清磷含量增高；球蛋白增多；瘤胃pH为4～5。

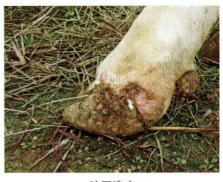

蹄冠溃疡

3.治疗

(1) 西医治疗

①局部处理。蹄部用冷水或冰水冷浴，或用0.25%～0.5%普鲁卡因青霉素进行掌、跖神经封闭。

②放血疗法。成年牛可1次颈静脉放血1 000 mL左右。放血后静脉注射10%葡萄糖酸钙400～500 mL、5%碳酸氢钠500～1 000 mL或10%水杨酸钠100 mL、10%葡萄糖500～1 000 mL。

③使用抗组胺药物。氢化可的松，每日0.2～0.5 g，肌内注射或静脉注射。

(2) 中兽医治疗
料伤引发的蹄叶炎，症见食欲大减，喜吃草，不吃料，粪稀带水，拱背，两后肢向前伸向腹下，口色赤红，呼吸迫促。治疗以消积宽肠、行淤止痛为主，方用红花散加减。

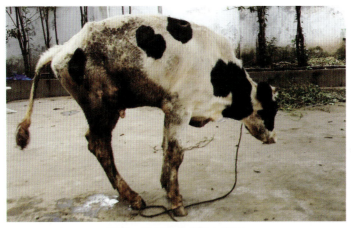

拱背，两后肢向前伸向腹下

红花散处方

红 花 45 g	没 药 40 g	厚 朴 50 g	陈 皮 60 g
山 楂 90 g	建 曲 70 g	当 归 60 g	黄药子 50 g
白药子 60 g	甘 草 35 g	桔 梗 45 g	枳 壳 50 g

共为末，开水冲调，一剂分两次服用，每日1剂，连服2～3剂

（四）结膜角膜炎

各种外界刺激及感染引起眼结膜和角膜组织的炎症过程称为结膜角膜炎。

1. 病因

（1）**机械刺激** 如饲草、秸秆、枝条、饲料粉末、打斗等对结膜、角膜的直接刺激。

（2）**传染性因素** 如牛嗜血杆菌、摩氏杆菌、恶性卡他热病毒、疱疹病毒、寄生虫等均可引起牛的结膜角膜炎。

2. 诊断要点

①眼睛突然出现羞明、流泪、结膜潮红、肿胀等共同症状。上、下眼睑严重充血肿胀、外翻时俗称"胬肉翻睛"。

②炎症波及角膜时，角膜上可见新生血管，发生弥漫性角膜混浊；病程稍长，角膜上结缔组织增生，俗称"角膜云翳"或"白云遮睛"。

③化脓性角膜炎，病牛全身症状加重，躁动不安，眼睛显著肿胀，剧烈疼痛，第三眼睑突出，眼内流出大量黏稠的脓性分泌物。

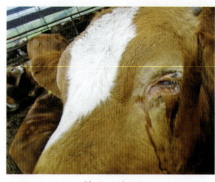

羞明、流泪

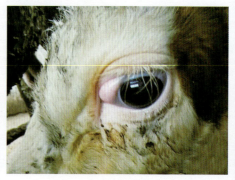

胬肉翻睛

白云遮睛

结膜潮红

3. 防治

（1）**清洗患眼**　用含青霉素的生理盐水反复冲洗患眼后，再用灭菌纱布轻轻拭去眼睛周围的异物和脓性分泌物。

（2）**点眼**　用氯霉素或氧氟沙星滴眼液点眼，每日3～4次。

（3）**结膜下注射**　用青霉素80万IU、0.25%普鲁卡因5 mL、地塞米松5 mg（溃疡性角膜炎禁用）、自家血2 mL混合后，注射到患眼的上、下眼睑结膜下。

（4）**球后神经封闭**　用青霉素80万IU、链霉素50万IU、0.25%普鲁卡因15 mL，在患眼后面的颞窝后腹侧做球后神经封闭，疗效更佳。

球后神经封闭

七、犊牛常见病防治

（一）犊牛腹泻

犊牛腹泻是指正在哺乳期的犊牛，由于肠蠕动亢进，肠内容物吸收不全或吸收困难，致使肠内容物与多量水分被排出体外，粪便呈稀薄或水样，犊牛表现脱水、酸中毒等症状。本病一年四季均可发生，以1月龄内的犊牛发病率和死亡率最高。

病牛拉土黄色稀粪

1.病因

（1）**饲养管理不当**　母牛产前营养不良，初乳不足，乳汁中缺乏微量元素；母牛乳房不洁，乳汁不卫生，或喂给犊牛患乳房炎母牛的乳汁；犊牛圈舍阴暗潮湿、不洁、通风不良。

（2）**微生物感染**　犊牛感染肠道病毒（轮状病毒、冠状病毒和星状病毒等）、细菌（大肠杆菌、沙门氏菌等）、寄生虫（犊牛在胚胎期母体感染蛔虫，或犊牛感染球虫、绦虫等）均可导致腹泻。

（3）**应激反应**　犊牛突然受冷或热刺激；长途运输、环境突变、惊吓、噪声过大、饲喂过饱等均可作为腹泻的诱因。

2. 诊断要点

①因饲养管理、应激而发生的消化不良性腹泻，表现为精神沉郁，鼻镜处有很多干痂。排粪减少，仅排不成形的、黄色脓性粪便，内含有黏液。病犊不愿站立，走路蹒跚，腹围增大，体温升高；听诊心跳稍快，肠音很高。

②劣质代乳品引起的腹泻，表现为精神、食欲正常，饮食后胀肚，喜卧，会阴、尾部常被粪便污染，有异食癖。

③过多饲喂母乳全乳引起的腹泻，表现为精神萎靡、厌食，粪便多而恶臭，并带有很多黏液。

粪便粘在尾根及肛门周围

④缺硒引起的腹泻，常反复发作，经久不愈，机体抵抗力差，常易患呼吸道炎症，心音混浊有杂音。

3. 治疗

(1) 西医治疗

①对因治疗。

A. 饲养管理不当造成的下痢，应加强管理，让犊牛及早吃到清洁初乳，饲喂时做到定人、定时、定温、定量。

B. 细菌性下痢，肌内注射乳酸环丙沙星、庆大霉素、土霉素、磺胺类药物。

C. 病毒性下痢，肌内注射双黄连、板蓝根、黄芪多糖注射液等。

D. 寄生虫性下痢，球虫病选用磺胺二甲氧嘧啶等，线虫选用丙硫咪唑或左旋咪唑。

②对症治疗。粪中带血者，先灌液体石蜡100～150 mL清理肠道，再灌服磺胺脒、碳酸氢钠，并注射维生素K。体温升高，脱水明显，酸中毒时，应及时补充电解质、补碱、补糖和应用抗生素。缺硒时肌内注射0.1%亚硒酸钠液5～10 mL，隔10～20 d重复1次，共注射2～3次。腹痛不安、腹泻不止者，选用阿托品肌内注射。

③补充体液。体液补充的途径主要分为口服补液、静脉补液和腹腔补液。

④输血疗法。输母血200 ~ 300 mL，以提高机体的抵抗力。

静脉补液

静脉补液处方

　　A. 10%葡萄糖 250 mL、肌苷6 mL、维生素C 10 mL、维生素B_6 8 mL、辅酶A 300 IU、ATP 4 mL、10%氯化钾 10 mL、地塞米松5 mg。

　　B. 5%碳酸氢钠 100 ~ 250 mL。

　　C. 0.9%氯化钠200 mL、磺胺间甲氧嘧啶 40 mL。

　　用法：ABC分别一次静脉注射。

口服补液处方

　　氯化钠3.5 g、碳酸氢钠2.5 g、氯化钾1.5 g、葡萄糖40 g、温开水1 000 mL。

　　用法：混合后供犊牛自由饮用。

(2) 中兽医治疗

　　①对神疲力乏、四肢发凉、消化不良、久泻不止者，以温补脾肾、涩肠止泻为原则，可用四神丸加减。

四神丸处方

炒补骨脂40 g	肉豆蔻20 g	五味子20 g	吴茱萸10 g
陈　皮15 g	厚　朴15 g	青　皮15 g	车前草15 g

黄　连10 g　　　　生　姜40 g　大　枣40 g

水煎3次后，合并3次煎液，分两次灌服，每日1剂，连服2～3剂

②对体温升高、粪便腥臭、便中带血等急性腹泻者，可选用白头翁汤加减。

白头翁汤处方

白头翁40 g　　　　黄　连20 g　　　黄　柏20 g　　　秦　皮15 g

焦地榆20 g　　　　焦荆芥20 g　　　焦蒲黄20 g　　　苦　参15 g

大　黄20 g　　　　金银花15 g　　　连　翘15 g

水煎3次后，合并3次煎液，分两次灌服，每日1剂，连服2～3剂

（二）犊牛肺炎

犊牛肺炎，中兽医又称为犊牛肺黄，多发生于40日龄以内的犊牛，冬、春季多发。

1.病因

①母牛羊水破裂过早，犊牛吸入呼吸道。

②感冒治疗不及时，炎症蔓延到肺部。

③伴发于犊牛副伤寒、链球菌病、下痢、结核病、巴氏杆菌病等，均有肺炎症状。

2.诊断要点

①犊牛精神沉郁，采食量降低，瘤胃蠕动减弱或停止，多有腹泻发生。

②呼吸困难、咳嗽，体温高达41～42℃，脉搏增加；肺部听诊，病初肺泡音增强，呼吸粗厉，继而引起支气管黏膜肿胀，分泌物黏稠，可听到干啰音；病程延长时，两鼻孔内流出蛋清样鼻液或白色泡沫样鼻液。严重者全身症状较重，张口喘息，卧地不起，如治疗不及时，往往死亡。

卧地不起

病牛流浆液性鼻液

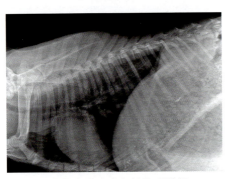

X线检查显示支气管纹理增粗

患肺炎犊牛伴发腹泻

3. 防治

(1) 治疗措施

①排出异物。因吸入羊水引发的肺炎，应迅速将犊牛倒置，并立即应用抗菌药物。

②抗菌消炎。病情轻者，上午用青霉素240万IU、链霉素100万IU、安乃近15 mL，地塞米松10 mg混合后肌内注射；下午肌内注射恩诺沙星15 mL。连续注射3 d。病情重者，可选用喹诺酮类药物联合β-内酰胺类药物静脉注射，若注射3 d不显效，可注射板蓝根、双黄连等中药制剂。

③抑制渗出，促进渗出液排出。抑制渗出选用25%葡萄糖注射液500 mL、10%葡萄糖酸钙注射液100 mL、25%维生素注射液C 10 mL，静脉注射。促进排出渗出物选用速尿200 ~ 250 mg，皮下注射。

④调节胃肠机能。用乳酸2 g、鱼石脂20 g加水90 mL配成鱼石脂乳酸液，每次灌服5 mL，每日2次。

⑤对症治疗。心脏衰弱时，肌内注射10%樟脑磺酸钠5～10 mL；咳嗽剧烈时，可加氨茶碱等镇咳祛痰药；食欲废绝时，可给予健胃助消化药；严重缺氧时，可用新鲜3%双氧水200 mL、10%葡萄糖500～1 000 mL、25%维生素C注射液10 mL，一次静脉注射。

病情严重者常用处方

①5%葡萄糖500 mL、环丙沙星1 g。

②0.9%氯化钠250 mL、青霉素钠 400万IU、地塞米松5 mg。

用法：①②分别一次静脉注射。如连续注射3 d未见明显效果，可将60 mL双黄连或板蓝根注射液加入10%葡萄糖500 mL中静脉注射。

急性肺炎，抗生素静脉注射

（2）预防措施

①保持圈舍清洁、卫生，夏季应通风，冬季应保暖。

②母牛羊水破后，及时拉出犊牛，并擦净口鼻黏液，倒提后肢。

③给牛犊喂乳时，要少量多次，防止喂呛；喂给足够的初乳，避免营养性的应激。

④发生感冒时要及时治疗。

参 考 文 献

陈怀涛，2010.牛羊病诊治彩色图谱[M].2版.北京：中国农业出版社.

刘永明，赵四喜，2015.牛病临床诊疗技术与典型医案[M].北京：化学工业出版社.

刘长松，2006.奶牛疾病诊疗大全[M].北京：中国农业出版社.

刘钟杰，许剑琴，2012.中兽医学[M].4版.北京：中国农业出版社.

罗超应，2008.牛病中西医结合治疗[M].北京：金盾出版社.

王建华，2014.兽医内科学[M].4版.北京：中国农业出版社.

附录　牛常用药物一览表

名　称	作用及应用	制药规格	用法及用量	注意事项
青霉素G钠（钾）	抗革兰氏阳性球菌、部分革兰氏阳性杆菌、螺旋体等及预防继发感染	粉针：80万IU/支、160万IU/支、400万IU/支	肌内注射或静脉注射：每千克体重0.5~1 IU，每日2~3次	①遇醇、酚、碱、氧化剂、重金属后失效。②水溶液不稳定，宜现用现配。③静脉注射只用钠盐
普鲁卡因青霉素G	同青霉素G钠	粉针：80 IU/支	肌内注射：每千克体重4 000~8 000 IU	不能做静脉注射或体腔内注射
氨苄青霉素（氨苄西林钠）	抗菌谱广，特别对革兰氏阴性杆菌作用较强。可用于大肠杆菌病、巴氏杆菌病等，耐酸，不耐酶	①片剂或胶囊：0.25 g/片（粒）。②粉针：0.5 g/支	①内服：犊牛每千克体重12 mg，每日2次。②肌内注射或静脉注射：每千克体重2~7 mg，每日2次	①在水溶液中不稳定，应现用现配。②与卡那霉素、链霉素、庆大霉素合用可增强疗效
头孢噻呋钠	为第三代头孢菌素，对革兰氏阴性菌的作用强于第二代，尤其对绿脓杆菌、肠杆菌属、厌氧菌有很好的作用，特别适合于溶血性巴氏杆菌或出血败血性巴氏杆菌引起的支气管肺炎	①粉针：0.5 g/支、1 g/支、2 g/支。②5%混悬液：20mL、50 mL、100 mL	①粉针肌内注射或静脉注射：每千克体重2~5 mg，每日2次。②混悬液静脉注射：每千克体重2~5 mg，每日1次	

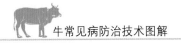
（续）

名　称	作用及应用	制药规格	用法及用量	注意事项
头孢喹肟	为第四代头孢类抗生素，对β-内酰胺酶高度稳定，抗菌活性强于第三代头孢菌素头孢噻呋，血浆半衰期长，无肾毒性	①粉针：0.5 g/支、1 g/支、2 g/支。②2.5%混悬液：20 mL、50 mL、100 mL	①粉针肌内注射或静脉注射：每千克体重2~5 mg，每日2次。②混悬液静脉注射：每千克体重2~5 mg，每日1次	
硫酸链霉素	主要对结核杆菌和多种革兰氏阴性杆菌、钩端螺旋体、放线菌作用较强，并可预防继发感染	①针剂：2 mL 50 IU。②粉剂：1 g/支、3 g/支	肌内注射：每千克体重10 mg，每日2次	毒性较大，不宜大剂量使用，长时间用药可与青霉素合用
硫酸卡那霉素	对多数革兰氏阴性菌、结核杆菌及金黄色葡萄球菌有效	注射液：2 mL 0.5 g、10 mL 1 g、10 mL 2 g	肌内注射：每千克体重10~15 mg，每日2次	①只作肌内注射。②不宜与其他抗生素合用
硫酸丁胺卡那霉素（阿米卡星）	抗菌谱较卡那霉素广，对卡那霉素和庆大霉素耐药的绿脓杆菌、大肠杆菌、变形杆菌、肺炎杆菌及金黄色葡萄球菌有效	①粉针：0.2 g/支。②注射液：1 mL 0.1 g、2 mL 0.2 g	肌内注射：每千克体重10~15 mg，每日2次	同硫酸卡那霉素
硫酸庆大霉素	抗菌谱较广，对革兰氏阳性、阴性菌都有效。主要用于耐药的金黄色葡萄球菌、绿脓杆菌、大肠杆菌、变形杆菌所致疾病	①片剂：4 IU/片。②注射液：2 mL 8 IU、5 mL 20 IU、10 mL 40 IU	①内服：犊牛每千克体重每日1~1.5 IU，分成2~3次。②肌内注射：每千克体重1 000~1 500 IU，每日3~4次	有毒性，易产生耐药性
氟苯尼考	抗菌谱较广，对革兰氏阳性、阴性菌、支原体都有效。对溶血性巴氏杆菌、多杀性巴氏杆菌高度敏感	注射液：10 mL 0.5 g	肌内注射：每千克体重0.4~0.6 mL	①大剂量使用会产生免疫抑制作用。②有胚胎毒性，妊娠期禁用

（续）

名　称	作用及应用	制药规格	用法及用量	注意事项
泰拉霉素	治疗和预防溶血性巴氏杆菌、多杀巴氏杆菌、睡眠嗜血杆菌和支原体引起的牛呼吸道疾病	注射液：20 mL 2 g	皮下注射：2.5 mg/kg	每个注射部位不超过7.5 mL，仅注射一次，未康复者5~7 d后重复注射一次
土霉素	抗菌谱较广，对革兰氏阳性菌、革兰氏阴性菌及衣原体、霉形体、立克次氏体、放线菌和某些原虫（焦虫、边虫）有抑制作用	①片剂：0.05 g/片、0.125 g/片、0.25 g/片。②粉剂：0.2 g(20 IU)/支、1 g(100 IU)/支。③长效土霉素注射液：1 mL 0.2 g	①内服：犊牛每千克体重10~20 mg，每日2~3次。②肌内注射：每千克体重1 000~1 500 IU，每日3~4次	肌内注射时须用专用溶媒（100 mL 蒸馏水含氧化镁4 g，普鲁卡因2 g）稀释成2.5%；静脉注射时用5%葡萄糖或生理盐水稀释成0.1%~0.4%
磺胺嘧啶钠	抗菌谱广，抑制大多数革兰氏阳性菌及阴性、放线菌、螺旋体等，易进入脑脊液，为治疗脑部细菌感染首选药	①片剂：0.5 g/片。②注射液：10 mL 1 g、10 mL 2 g	①内服：每千克体重0.07~0.1 g，每日2次，首剂加倍。②静脉注射：每千克体重0.07~0.1 g，每日2次	①与多种药物尤其是酸性药物有配伍禁忌，静脉注射时以生理盐水稀释。②与碳酸氢钠合用可防止形成结晶尿
磺胺二甲嘧啶（SM₂）	抗菌谱同磺胺嘧啶钠，毒性低，常用于全身感染、子宫炎、乳房炎等	①片剂：0.5 g/片。②注射液：2 mL 0.4 g、5 mL 1 g、10 mL 2 g	①内服：每千克体重0.07~0.1 g，每日2次，首剂加倍。②肌内注射或静脉注射：每千克体重0.07 g，每日2次	
磺胺脒（磺胺胍）	内服不易吸收，在肠道内保持较高浓度，用于肠道细菌感染	片剂：0.5 g/片	内服：每千克体重0.1 g，每日2次，首剂加倍	与等量小苏打同服
诺氟沙星	广谱抗菌，对多数革兰氏阳性菌、革兰氏阴性菌及霉形体有较强杀菌作用，常用于全身感染	片剂（胶囊剂）：0.1 g/片（粒）	内服：犊牛每千克体重10~20 mg，每日2次	

（续）

名　称	作用及应用	制药规格	用法及用量	注意事项
环丙沙星	抗菌谱与诺氟沙星相似，但抗菌活性强2~10倍，常用于全身感染及混合感染	注射液：盐酸盐，2 mL 40 mg、100 mL 2 g；乳酸盐，2mL 50mg、100 mL 2 g	肌内注射或静脉注射：每千克体重2.5 mg，每日2次	
恩诺沙星（拜有利）	是革兰氏阴性菌、革兰氏阳性菌及支原体的克星，用于治疗牛各种细菌及支原体疾病的特效药	注射液：100 mL 5 g	肌内注射：每10 kg体重0.5 mL，每日1次，连用3 d	
甲硝咪唑（甲硝唑、灭滴灵）	抗厌氧菌、滴虫及阿米巴原虫	①片剂：0.2 g/片、0.5 g/片。②注射液：100 mL 0.5 g	①内服：每千克体重50 mg，每日1次，连用5 d。②静脉注射：每千克体重10~25 mg，每日1次	治疗混合感染常与抗需氧菌抗生素合用
伊维菌素（害获灭）	广谱、高效、低毒驱虫药，对线虫、昆虫和螨虫有驱灭作用	注射液：100 mL 1 g	皮下注射：每千克体重0.2 mg	
左旋咪唑	对多数胃肠道线虫有效	①片剂：0.025 g/片、0.05 g/片。②注射液：（盐酸盐）10 mL 0.5 g、5 mL 0.25 g	①内服：每千克体重7.5 mg。②皮下注射：每千克体重7.5 mg	
丙硫苯咪唑（阿苯达唑、抗蠕敏）	广谱、高效、低毒驱虫药，对线虫、绦虫和吸虫有驱灭作用	片剂：0.2 g/片、0.5 g/片、0.025 g/升	内服：每千克体重10~20 mg	
硝氯酚（拜尔9 015）	对肝片吸虫驱除作用较好	①片剂：0.05 g/片、0.1 g/片。②注射液：10 mL 0.4 g、2 mL 0.08 g	①内服：每千克体重3~7 mg。②肌内注射：每千克体重0.5~1 mg	
硫双二氯酚（别丁）	驱吸虫及绦虫	片剂：0.25 g/片	内服：每千克体重40~80 mg	

（续）

名 称	作用及应用	制药规格	用法及用量	注意事项
三氮脒（贝尼尔、血虫净）	驱焦虫、锥虫	粉针：1 g/支	深部肌内注射：每千克体重3.5~7 mg	以注射用水配成5%溶液使用
甲基硫酸喹啉脲（阿卡普林、抗焦虫素）	对巴贝斯虫效果好	注射液：10 mL 0.1 g、5 mL 0.08 g	皮下注射：每千克体重1 mg	用药前或同时给以阿托品可防止不良反应发生
速尿	利尿，用于消除水肿、促进尿道结石排除	①片剂：20 mg/片、0.1 g/片。②注射液：2 mL 20 mg	①内服：每千克体重2 mg，每日2次。②肌内注射：每千克体重0.5~1 mg，每日或隔日1次	①与留钾利尿药氨苯蝶啶联用以防失钾过多；②间歇给药（用1~3d，停2~4d）
乙烯雌酚	催情，治疗子宫内膜炎、子宫蓄脓、胎衣不下及死胎	①片剂：5 mg/片、1 mg/片、0.5 mg/片。②注射液：1 mL 1 mg、1 mL 3 mg、1 mL 5 mg	肌内注射：5~20 mL/次	大剂量、长期应用可引起卵巢囊肿、流产、卵巢萎缩及性周期停止
黄体酮	防止流产，保胎，治疗卵巢囊肿	注射液：1 mL 10 mg、1 mL 20 mg、1 mL 50 mg	肌内注射：50~100 mg	
催产素（缩宫素）	促进子宫收缩，用于催产、引产、产后出血、胎衣不下、死胎、子宫复旧不全	注射液：1 mL 10 IU、5 mL 50 IU	皮下或肌内注射：30~100 IU	只用于产力性难产，同时经检查胎位、产道正常，子宫颈口开放才可使用
前列腺素	治疗持久黄体性不孕症，催产，引产	粉针：0.2 mg/支	肌内注射：2~4 mg	
维生素K₃	主要用于维生素K缺乏性出血症，也可用于杀鼠药中毒	注射液：1 mL 4 mg、10 mL 40 mg	肌内注射：0.1~0.3 g/次，每日2~3次	不能和巴比妥类药合用，肝功能不良者改用维生素K₁，临产母畜禁止大剂量应用

（续）

名　称	作用及应用	制药规格	用法及用量	注意事项
氯化钠	等渗液可调节体内酸碱平衡；高渗液可促进胃肠蠕动，增进消化机能	①等渗液：500 mL 4.5 g。②高渗液：500 mL 50 g	①等渗液或复方液静脉注射：1 000~3 000 mL。②高渗液静脉注射：1 mL/kg	创伤性心包炎、肺气肿或心力衰竭、肾功能不全慎用，高渗液静脉注射要控速
葡萄糖	补充体液，供给能量，补充血糖，强心、利尿、解毒等	注射液：500 mL 25 g、500 mL 50 g、500 mL 125 g、20 mL 10 g	静脉注射：50~250 g/次	10%以上浓度禁用皮下注射或腹腔注射
氯化钾	用于各种疾病所引起的低血钾的辅助治疗，亦可用于强心苷中毒等	①片剂：0.25 g/片。②注射液：10 mL 1 g	①内服：5~10 g/次。②静脉注射：2~5 g/次	肾功能不全、尿少或尿闭时慎用或禁用
碳酸氢钠	主要用于防治代谢性酸中毒，也可用于碱化尿液	5%注射液：每瓶 100 mL、250 mL、500 mL	静脉注射：300~500 mL/次	静脉注射时勿漏出血管，量过大易引起中毒，不宜和酸性药物合用
人工盐	用于消化不良、食欲下降、胃肠迟缓及便秘初期	粉剂：500 g/袋	①健胃，内服50~150 g/次。②缓泻，内服200~400 g/次	禁与酸类健胃药配合使用
石蜡油	用于小肠阻塞、便秘	油剂：500 mL/瓶	内服：500~1 500 g/次	不宜多次使用
芒硝（硫酸钠）	小剂量健胃；大剂量用于大肠便秘、排出肠内毒物、驱除虫体	散装粉剂	①健胃，内服10~15 g/次。②致泻，内服400~800 g/次	排出肠内毒物、驱除虫体等的首选药物，禁与油类泻剂同时使用
硫酸镁	临床上常用于大肠便秘，缺镁症及抗惊厥	粉剂：800 g/袋	①健胃，内服15~50 g/次。②致泻，内服400~800 g/次	

（续）

名　称	作用及应用	制药规格	用法及用量	注意事项
樟脑磺酸钠	用于呼吸抑制、呼吸困难、消化不良、胃功能下降、心力衰竭、血压下降、供血不足等症状	注射液：10 mL 1 g、10 mL 2 g	①肌内注射或皮下注射：2~5 g/次。②内服：2~8 g/次	用量过大时会引起呕吐。可用巴比妥类药物来控制
氨基比林	具有明显的解热镇痛和消炎作用，与巴比妥类合用能增强镇痛效果	复方氨基比林注射液：10 mL、20 mL。安痛定注射液：2、5 mL、10 mL	①复方氨基比林皮下注射或肌内注射：20~50 mL/次。②安痛定皮下注射或肌内注射：20~50 mL/次	长期连续使用可引起颗粒性白细胞减少症
安乃近	常用于肠痉挛、肠臌胀、制止腹痛	片剂：0.5 g/片。注射液：5 mL 0.5 g、10 mL 3 g、20 mL 6 g	①内服：4~12 g/次。②皮下注射或肌内注射：3~10 g/次。③静脉注射：3~6 g/次	可抑制凝血酶原形成，加重出血倾向；不能与氯丙嗪、巴比妥类及保泰松合用
新斯的明	用于牛前胃迟缓、子宫复原不全、胎盘滞留、尿潴留、竞争性骨骼肌松弛或阿托品中毒	注射液：1 mL 0.5 mg、2 mL 1 mg、10 mL 10 mg	皮下注射或肌内注射：4~20 mg/次	禁用于肠变位病畜、孕畜等
阿托品	用于胃肠道平滑肌痉挛性疼痛、感染中毒性休克、有机磷中毒解救	注射液：1 mL 2 mg、1 mL 5 mg、5 mL 50 mg	皮下注射：15~30 mg/次	抢救休克或有机磷中毒时应加大剂量。但剂量过大易引起急性胃扩张、肠臌胀及瘤胃臌胀
肾上腺素	用于麻醉、药物中毒等引起的心脏骤停的急救，抢救过敏性休克，局部止血等	注射液：1 mL 1 mg、5 mL 5 mg	皮下注射或肌内注射：2~5 mg/次	禁与洋地黄、氯化钙配伍

（续）

名　称	作用及应用	制药规格	用法及用量	注意事项
维生素B$_1$	用于维生素B$_1$缺乏症、神经炎、心肌炎和酮血症辅助治疗	①片剂：10 mg/片。②注射液：1mL 10mg、1 mL 25 mg、1 mL 50 mg、2mL 100mg、10mL 250mg	①混饲：1 000 kg饲料中加1~3 g。②内服：犊牛18 mg。③肌内注射或皮下注射：100~500 mg/次	
维生素B$_6$	用于维生素B$_6$缺乏症	①片剂：10 mg/片。②注射液：1mL 10mg、1 mL 25 mg、1 mL 50mg	内服、肌内注射、静脉注射或皮下注射：3~5 g/次	
复合维生素B	用于营养不良、食欲不振、多发性神经炎、糙皮病及缺乏B族维生素所导致的各种疾病的辅助治疗	注射液：2 mL/支	皮下注射或肌内注射：5~10 mg/次	
维生素C（抗坏血酸）	用于防治维生素C缺乏症、高热、心源性和感染性休克、中毒、药疹和贫血等的辅助治疗	①片剂：0.05 g/片、0.1 g/片。②注射液：2mL 0.1 g、10 mL 1 g、20 mL 2 g	内服、静脉注射、肌内注射或皮下注射：2~4 g/次	不能与氨茶碱等弱碱性注射液配伍；也不能与大多数抗生素混合注射
氯化钙	用于钙缺乏症；也可用于毛细血管渗透性增高的各种过敏性疾病	注射液：20 mL 1 g、50 mL 2.5 g、100 mL 5 g	①静脉注射：5~20 g/次。②氯化钙葡萄糖注射液静脉注射：100~300 mL/次	静脉注射必须缓慢并观察反应。刺激性强，勿漏出血管
葡萄糖酸钙	同氯化钙	注射液：20 mL 2 g、50 mL 5 g、100 mL 10 g	静脉注射：20~60 g/次	

图书在版编目（CIP）数据

牛常见病防治技术图解／雍康主编．—北京：中
国农业出版社，2016.6
ISBN 978-7-109-21650-1

Ⅰ．①牛… Ⅱ．①雍… Ⅲ．①牛病-常见病-防治-
图解 Ⅳ．①S858.23-64

中国版本图书馆CIP数据核字（2016）第097214号

中国农业出版社出版
（北京市朝阳区麦子店街18号楼）
（邮政编码 100125）
责任编辑 曾琬淋 孟令洋
———————————
北京通州皇家印刷厂印刷 新华书店北京发行所发行
2016年6月第1版 2016年6月北京第1次印刷
———————————
开本：880mm×1230mm 1/32 印张：3.5
字数：100千字
定价：24.00元